Besseboua Omar

Manual de métodos e técnicas de análise

Besseboua Omar

Manual de métodos e técnicas de análise

ScienciaScripts

Cover image: www.ingimage.com

This book is a translation from the original published under ISBN 978-620-6-70437-9.

Publisher:
Sciencia Scripts
is a trademark of
Dodo Books Indian Ocean Ltd. and OmniScriptum S.R.L publishing group

120 High Road, East Finchley, London, N2 9ED, United Kingdom
Str. Armeneasca 28/1, office 1, Chisinau MD-2012, Republic of Moldova, Europe
Managing Directors: Ieva Konstantinova, Victoria Ursu
info@omniscriptum.com

Printed at: see last page
ISBN: 978-620-8-39397-7

Conteúdo

Prefácio

Este livro é o culminar de anos de ensino sobre métodos e técnicas de análise, destinado aos alunos do segundo ano do mestrado em produção e nutrição animal do Departamento de Ciências Agronómicas e Biotecnologia. O seu objetivo é apoiar a aprendizagem de diferentes técnicas e métodos de análise biológica, bioquímica e imunoenzimática. O objetivo é introduzir os alunos no trabalho laboratorial, nomeadamente no âmbito da sua dissertação final.

O manuscrito está dividido em quatro capítulos principais, organizados por ordem cronológica dos métodos de análise, como se segue:

1- Métodos espectrais.
2- Métodos de fracionamento.
3- Métodos de marcação.
4- Microscopia eletrónica.

Como qualquer trabalho, pode conter erros e lacunas. Por isso, é sempre encorajador e motivador receber correcções, conselhos e recomendações de colegas professores e investigadores que trabalham no terreno.

Capítulo 1

Métodos espectrais.

3.1 Espectrometria de absorção molecular

3.1.1 Espectroscopia de absorção UV-Visível

A espetrofotometria é uma técnica para medir a forma como a luz interage com os materiais. Quando a luz incide sobre um material, pode ser reflectida, transmitida, dispersa ou absorvida. Além disso, o material pode emitir luz numa frequência diferente devido à energia que adquire da luz incidente (como a eletroluminescência) ou devido à sua temperatura (como a incandescência) [Germer TA, et al., 2014]. Vários tipos de espetroscopia e espetrofotometria são técnicas bem conhecidas e amplamente utilizadas para a identificação e quantificação de substâncias na investigação, bem como em laboratórios industriais e químicos. Por exemplo, em química e farmácia, a espetrofotometria UV-visível é um método fundamental para analisar amostras usando a lei de Beer-Lambert-Bouguer. Na bioquímica e na biologia molecular, a análise espectrofotométrica é essencial para determinar a concentração de biomoléculas numa solução, como o ADN, o ARN ou as proteínas [Trumbo TA, et al., 2013]. Nos laboratórios clínicos, a espetrofotometria manual e automatizada é amplamente utilizada para analisar sangue, urina e outros fluidos corporais [Rand RN. 1972].

3.1.1.1 Princípio da absorção :

A lei da absorção é o princípio básico da espetrofotometria UV-visível. Esta lei diz respeito à relação entre a espessura do material absorvente e a concentração da solução da amostra, conhecida como lei de Beer-Lambert ou simplesmente lei de Beer. Esta lei estabelece que a quantidade de luz absorvida é proporcional à concentração da substância absorvente e à espessura do material absorvente [Upadhyay A, et al., 2009] (Figura 1).

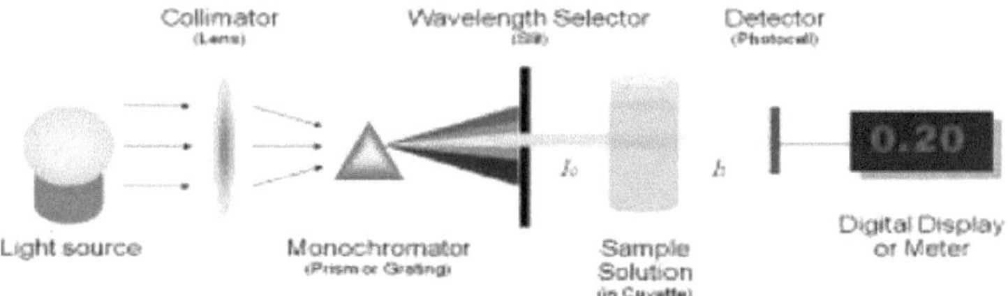

Figura 1: Instrumentação básica de um espetrofotómetro [https://chem.libretexts.org].

3.1.1.2 Instrumentação

O espetrofotómetro UV-visível é constituído por uma fonte de luz, suportes de amostras, um monocromador e um detetor [De Caro CA, Claudia H. 2015].

3.1.1.2.1 Fonte de luz :

As lâmpadas de hidrogénio e as lâmpadas de deutério são utilizadas como fontes de luz UV, enquanto a lâmpada de filamento de tungsténio é a mais utilizada para a luz visível.

3.1.1.2.2 Suportes de amostras :

Nas gamas do UV e do visível, são utilizadas cuvetes como suporte das amostras, feitas de quartzo ou de vidro comum. Em geral, na região do UV, utilizam-se células de quartzo ou de sílica, enquanto na região do visível se utilizam células de vidro, e estas cuvetes têm geralmente um comprimento de trajeto padrão de 1 cm.

3.1.1.2.3 Monocromadores :

Um monocromador converte a radiação policromática em radiação monocromática, produzindo bandas de comprimento de onda muito estreitas.

3.1.1.2.4 Detectores :

As células fotovoltaicas, os fototubos e os fotomultiplicadores são normalmente utilizados como detectores na gama do UV e do visível [Upadhyay A, et al., 2009]. O diagrama de blocos seguinte (Figura 2) mostra as partes principais do espetrofotómetro UV-visível [Upadhyay A, et al., 2009].

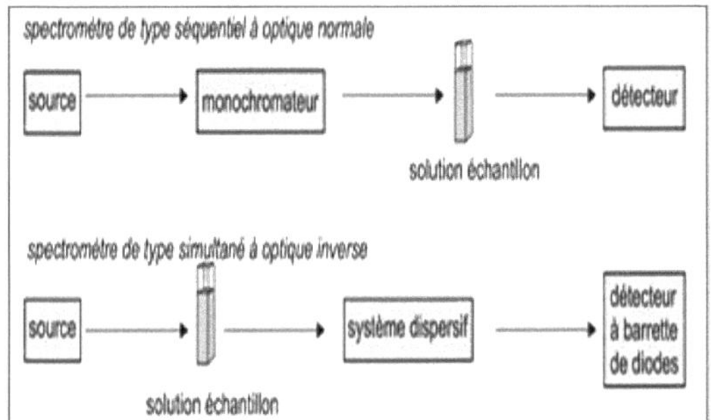

Figura 2. Diagrama de blocos do espetrofotómetro UV-visível. (Francis Rouessac, Annick Rouessac, 2004, p. 151)

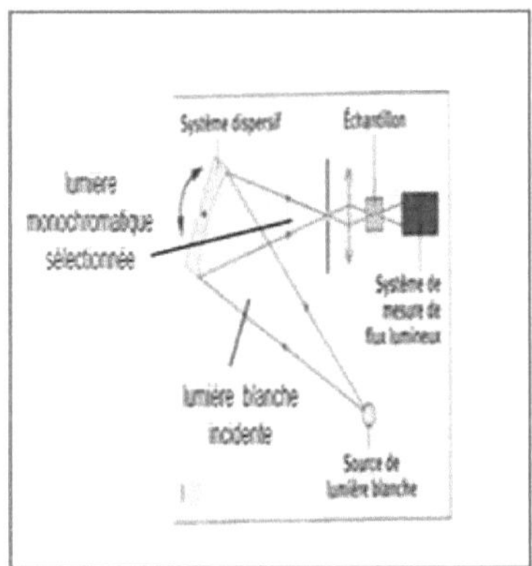

Esquema 1 do princípio de funcionamento de um espetrofotómetro

A espetroscopia de absorção no UV e no visível é um método muito comum nos laboratórios. Baseia-se na propriedade das moléculas de absorverem radiação luminosa de um comprimento de onda específico (Figura 3).

A gama UV-visível estende-se de cerca de 800 a 10 nm.

- visível: 800 nm (vermelho) - 400 nm (índigo)
- UV próximo: 400 nm - 200 nm
- UV-far: 200 nm - 10 nm.

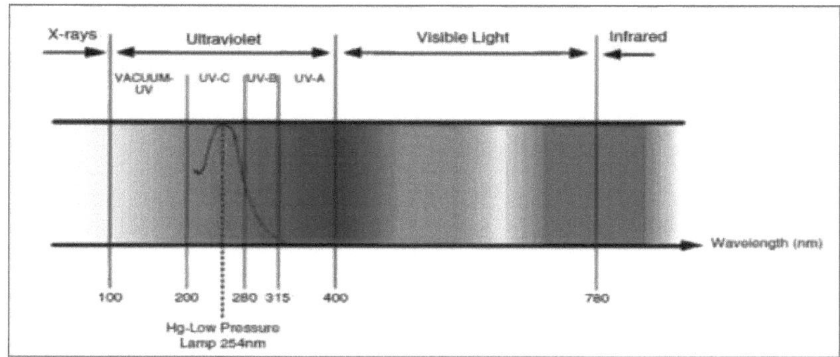

Figura 3: Espectro eletromagnético.

3.1.1.3 Cerveja - lei de Lambert

A absorvância é uma função da concentração do soluto, como mostra a lei de Beer-Lambert: $A = \log (Io/I) = \varepsilon . \lambda . C$

- A = absorvância sem unidade
- Io = intensidade da luz incidente (antes da interação com o soluto)
- I = intensidade da luz transmitida
- ε = coeficiente de extinção (que depende do comprimento de onda) :

1. $^{-1-1-1}$Se a concentração do soluto é em M (ou mol.L), ε é em M .cm , este é o coeficiente de extinção molar: εM
2. $^{-1-1}$Se a concentração do soluto é em % (massa/volume), ε é em g .L.cm , este é o coeficiente de extinção ponderal: ε1%.

- λ = comprimento da via ótica (em cm)
- C = concentração do soluto (a unidade depende da do coeficiente de extinção)

3.1.1.4 Protocolo de medição da absorvância com um espetrofotómetro Para

medir a absorvância **A** de uma substância corada em solução aquosa para um comprimento de onda **λo** :

- coloca-se no espetrofotómetro uma célula que contém a solução de referência (o ponto zero do espetrofotómetro A = 0 é fixado por um "branco")
- Coloca-se no espetrofotómetro uma cuvete com uma solução da substância corada a analisar.
- lemos o valor de **A**.

NB: Antes de cada medição de absorvância, o zero deve ser verificado. O branco utilizado deve conter a solução à qual foi retirado o elemento em estudo.

A absorvância **A** de uma solução de uma espécie química depende geralmente de :

a- a sua concentração **C** na solução ;

b- o comprimento de onda **λ** da radiação incidente: **A = ^λ)** [A(λ) = 0 significa que a substância atravessada não é absorvida ou é transparente à radiação de comprimento de onda λ]. c- a espessura ***e*** da solução atravessada (quanto maior *e*, maior A e vice-versa);

d- a natureza da substância absorvente.

3.1.1.5 Aplicações da espetrofotometria UV-visível

3.1.1.5.1 Análise farmacêutica :

A espetrofotometria UV-visível é uma técnica muito utilizada para determinar a concentração de fármacos na análise farmacêutica. Por exemplo, esta técnica é utilizada na determinação da etravirina em matérias-primas e formulações farmacêuticas. O espetro da etravirina é apresentado a seguir. Trata-se de um medicamento antiviral que apresenta um máximo de absorção a 414 nm (na gama do visível) quando reage com NaOH e 1,2-naftoquinona-4-sulfonato.

Os pormenores são apresentados na **Figura 4** [Murali D, et al., 2014].

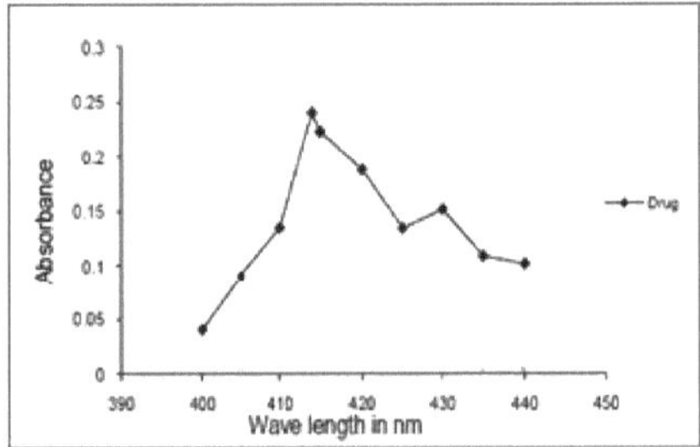

Figura 4: Espectro UV-visível da etravirina.

A análise quantitativa por espetrometria UV-visível é muito utilizada (muito mais do que a análise qualitativa) graças à utilização da lei de Beer-Lambert.

As aplicações incluem :

a- Determinação do ferro na água ou num medicamento.

b- Dosagem de moléculas activas numa preparação farmacêutica.

c- Determinação do benzeno em ciclo-hexano.

3.1.1.5.2 Estudos de vaporização de compostos de baixa volatilidade :

O espetrofotómetro UV-visível é utilizado para a determinação da vaporização de compostos pouco voláteis no estado de vapor localizados acima da amostra no estado condensado [Verevkin SP, et al., 2018].

A espetroscopia UV-visível é também utilizada para: a- a identificação de analitos puros não sujeitos a decomposição, nomeadamente para a identificação de ácidos nucleicos. Este estudo tem a vantagem de permitir a identificação de novos materiais genéticos descobertos em diversos micróbios e noutras espécies. **A figura 5** mostra a absorção do ADN na luz UV [Ling Li X, et al., 2013].

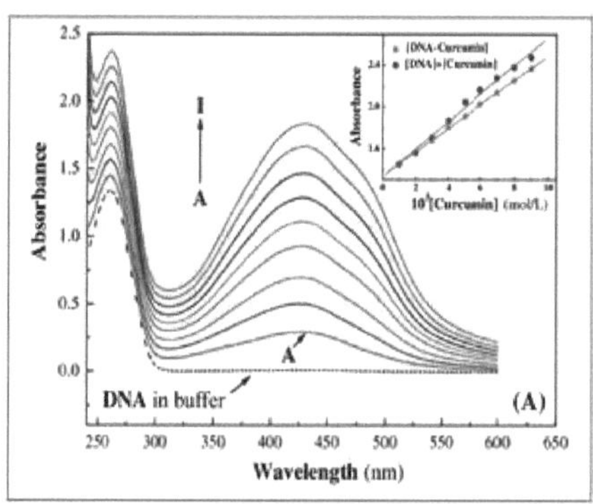

Figura 5. Espectro de absorção UV do ADN.

Outras aplicações incluem o controlo de qualidade ou a monitorização da cinética de reação, a determinação de constantes de dissociação de ácidos ou constantes de complexação, a determinação de massas molares, etc.

Em biologia molecular, é utilizado durante a extração de ADN para quantificar o ADN e determinar a sua pureza. O comprimento de onda utilizado é de 260 nm, que é a zona de absorção máxima dos ácidos nucleicos. Uma segunda medição a 280 nm é utilizada para verificar a pureza da extração, ou seja, a presença de proteínas residuais na solução de ADN.

b-A quantificação e identificação dos compostos orgânicos foi realizada utilizando a técnica de espetroscopia UV-visível. Esta técnica é muito útil para a análise de novos fármacos desenvolvidos na indústria farmacêutica [Passos MLC, et al. 2019].

A espetrofotometria UV-visível é uma técnica amplamente utilizada em bioquímica para determinar as concentrações micromolares de substâncias no sangue, urina e outros fluidos corporais. É também utilizada tanto para a determinação de espécies como para o estudo de processos bioquímicos [Rojas FS, CanoPavón JM. 2005].

A espetroscopia UV-visível também é utilizada para avaliar o índice de cor do óleo isolante em transformadores **(Figura 6)** [Leong YS, et al., 2018].

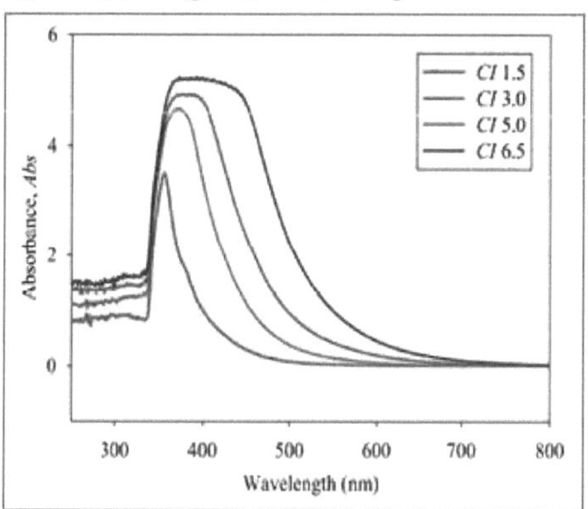

Figura 6. Espectros de absorvância ótica de quatro amostras de óleo com diferentes índices de cor (IC), com base na norma ASTM D 1500, após a aplicação de um filtro ND [Leong YS, et al., 2018].

Foi realizado um estudo de caso que combina a espetroscopia UV-visível e a quimiometria para determinar a interação entre a albumina do soro humano (ASH) e as nanopartículas de ouro (AuNPs). Os dados da espetroscopia UV-visível e da quimiometria relativos à interação da proteína (ASH) com as nanopartículas (AuNPs) foram utilizados para estabelecer os parâmetros termodinâmicos, cinéticos e estruturais, a fim de compreender a evolução da interação entre a proteína e as nanopartículas **(Figura 7)** [Yong Wang YN. 2014].

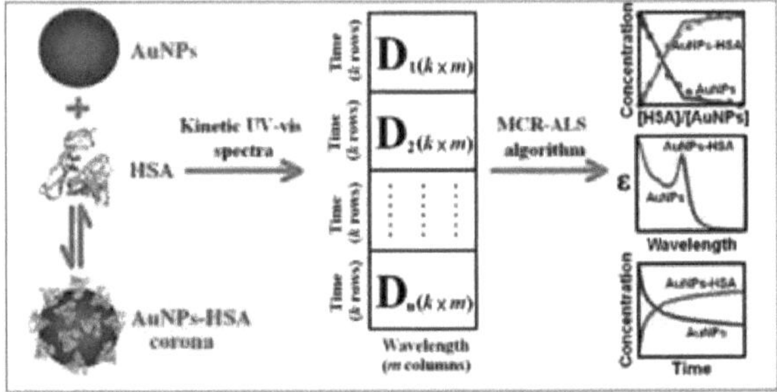

Figura 7. Interação da albumina do soro humano (HSA) com nanopartículas de ouro revestidas com citrato (AuNPs) [Yong Wang YN. 2014].

3.2 Espectrofluorometria

3.2.1 Princípio

O fenómeno pelo qual uma molécula, depois de absorver radiação, emite radiação de um comprimento de onda maior é conhecido como fluorescência. Quando um composto absorve radiação, passa para um nível excitado, regressando depois ao nível fundamental, quer de uma só vez, emitindo radiação com o mesmo comprimento de onda que absorveu, quer progressivamente, emitindo quantidades de radiação correspondentes a cada passo energético com um comprimento de onda maior. Este fenómeno conduz à formação de espectros de fluorescência. $^{-7-7}$A fluorescência é um fenómeno extremamente breve (10 s ou menos), pelo que pode fornecer informações sobre acontecimentos que ocorram em menos de 10 s. A fluorometria também segue

Princípio de funcionamento de Beer-Lambert.

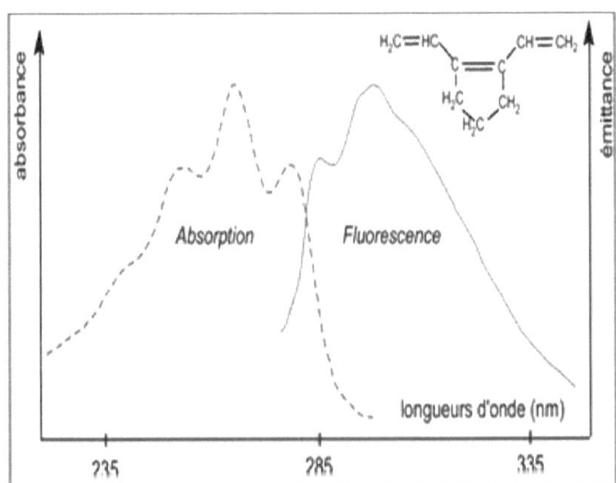

Figura 8 Representação dos espectros de absorção num mesmo gráfico. (Francis Rouessac, Annick Rouessac, 2004, P 206)

A figura 8 dá um exemplo da aparente simetria de espelho dos espectros de absorvância e fluorescência de muitos compostos. Para obter esta representação, os espectros de absorvância e de emitância são combinados no mesmo gráfico com uma escala dupla (Francis Rouessac, Annick Rouessac, 2004, p. 206).

A fluorometria é uma ferramenta analítica importante para determinar concentrações extremamente baixas de substâncias que fluorescem.

3.2.2 Instrumentação

A instrumentação de um espectrofluorómetro difere da de um espetrofotómetro em dois aspectos importantes, para além de algumas variações menores (**Figura 9**).

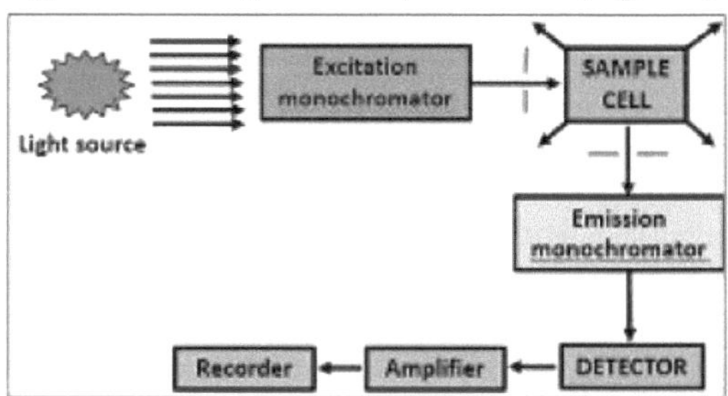

Figura 9: Instrumentação do espectrofluorómetro.

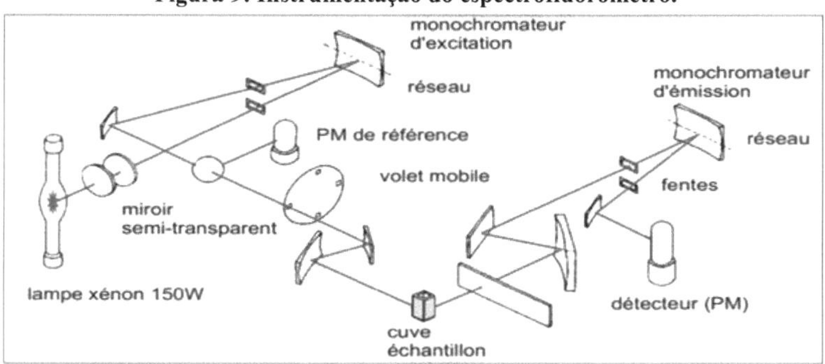

Figura 10 Diagrama do espectrofluorómetro Shimadzu F-4500.

Uma fração do feixe incidente, reflectida por um espelho semitransparente, atinge um fotodíodo de referência. Os sinais dos dois detectores são comparados para eliminar o desvio da fonte. Este processo de feixe único proporciona a estabilidade típica dos dispositivos de feixe duplo. Os espectros apresentam frequentemente pequenas diferenças quando provêm de dispositivos diferentes (reproduzido com a autorização da Shimadzu). (Francis Rouessac, Annick Rouessac, 2004, P 214)

a. Num espectrofluorómetro, existem dois monocromadores em vez de um, como no espetrofotómetro. Um monocromador é colocado antes do suporte da amostra e o outro depois.

b. Como a fluorescência é mais forte entre 25 e 30°C, o suporte da amostra está equipado com um dispositivo para manter a temperatura.

Os principais componentes de um espectrofluorómetro, apresentados na **figura 10**, são os seguintes

3.2.3 Aplicações

a. Identificar a estrutura 3D das proteínas: as proteínas são constituídas por um conjunto de 20 aminoácidos. Para a descoberta de medicamentos através de métodos computacionais, é muito importante conhecer a correlação entre a estrutura tridimensional e as funções das proteínas. Esta informação nem sempre pode ser obtida com sucesso por cristalografia de raios X e microscopia eletrónica. A espectrofluorometria pode, portanto, fornecer informações fiáveis sobre a estrutura tridimensional das proteínas, preservando a sua estrutura nativa.

b. No sector alimentar: a espetroscopia de fluorescência desempenha um papel importante na determinação de numerosos componentes alimentares, adulterantes, aditivos e contaminantes.

c. Controlo de qualidade no processamento de alimentos: a espetroscopia de fluorescência é um método analítico rápido e sensível para caraterizar produtos alimentares. Por exemplo, alguns autores estudaram recentemente o impacto do tratamento térmico na vitamina A em amostras de leite utilizando espectros de fluorescência. Os espectros de fluorescência mostram que o tratamento térmico resultou numa diminuição da intensidade de fluorescência tanto a 320 como a 290 nm nas amostras de leite amostras de leite aquecidas a 75°C durante 10 minutos, em comparação com amostras de leite aquecidas a 55°C durante o mesmo período. Os pormenores são apresentados na **(Figura 11)** [Karoui R. 2016].

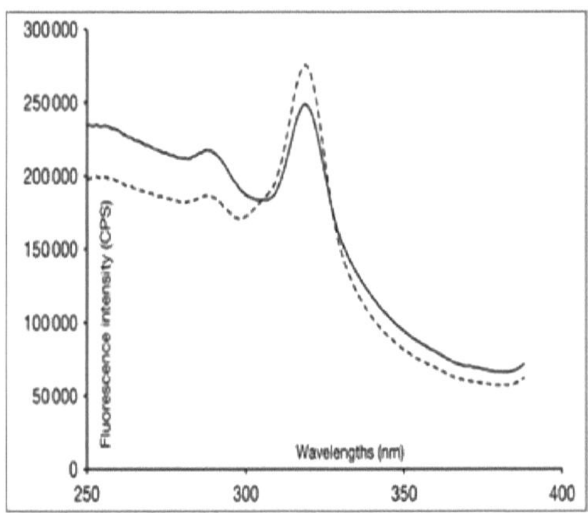

Figura 11. Alterações nos espectros de fluorescência da vitamina A obtidas em amostras de leite aquecidas a 55°C e 75°C durante 10 minutos.

d. As aplicações mais comuns do espectrofluorómetro incluem a análise qualitativa, a análise quantitativa (incluindo a determinação de riboflavina, tiamina, hormonas como o cortisol, os restrogénios, a serotonina e a dopamina, pesticidas organofosforados, carcinogéneos no fumo do tabaco, drogas como o ácido lisérgico e os barbitúricos, porfirinas, colesterol e até certos iões metálicos); bem como estudos sobre a estrutura das proteínas (**proteínas que contêm FAD**).

Em bioquímica, a fluorescência tem muitas aplicações para quantificar proteínas ou ácidos nucleicos utilizando reagentes que se ligam especificamente a estes compostos.

As aplicações clássicas actuais da fluorescência incluem a medição de hidrocarbonetos aromáticos policíclicos na água potável utilizando HPLC. Este método de deteção está bem adaptado para atingir os limiares muito baixos impostos pela legislação. O mesmo processo pode também ser utilizado para medir aflatoxinas e muitos outros compostos orgânicos (adrenalina, esteróides, vitaminas).

Indústria alimentar: ensaios de proteínas, aminas, aminoácidos, vitaminas, aditivos, resíduos de pesticidas, microtoxinas, etc.

Indústria farmacêutica, biologia: ensaios Anestésicos, analgésicos, neurolépticos, tranquilizantes, diuréticos, sulfonamidas, antibióticos .

Microfluorometria: análise a nível celular Citofluorometria de fluxo: seleção de células Indústria química Compostos aromáticos, aldeídos, cetonas, produtos petrolíferos, borracha, corantes .

3.3 Espectrofotometria de absorção atómica (AAS)

3.3.1 Absorção atómica e emissão de chama

A espetrometria de absorção atómica (AAS) e a espetrometria de emissão de chama (FE), também conhecida como fotometria de chama, podem ser utilizadas para medir praticamente qualquer tipo de amostra, selecionada de uma lista de cerca de 70. Para alguns elementos, a sua sensibilidade permite obter concentrações inferiores a mg/L (Francis Rouessac, Annick Rouessac, 2004, p. 241).

3.3.2 Regra de Bohr

No caso particular da absorção atómica, trabalhamos com átomos livres: estes átomos podem absorver fotões e entrar em estados excitados. Como a quantidade de fotões absorvidos é proporcional ao número de átomos do elemento absorvente, a absorção pode ser utilizada para medir as concentrações dos elementos que decidimos medir.

3.3.3 Princípio

Quando as moléculas da amostra são volatilizadas, os átomos produzidos absorvem determinados comprimentos de onda da luz de uma fonte que produz um espetro atómico caraterístico da molécula.

3.3.4 Instrumentação para AAS

3.3.4.1 Os componentes básicos de um espetrofotómetro de absorção atómica são [Butcher DJ. 2005] (figuras 12 e 13):

a. Atomizadores: os atomizadores mais utilizados na AAS são os atomizadores electrotérmicos (**ETA**). São utilizados para converter as moléculas da amostra em átomos gasosos individuais capazes de absorver a luz da fonte.

b. Fonte de luz: em geral, uma lâmpada de cátodo oco é utilizada como fonte de luz na AAS para produzir um determinado comprimento de onda de luz que é absorvido de forma ideal pelos átomos gasosos. Atualmente, estão disponíveis instrumentos com ótica de feixe simples e duplo.

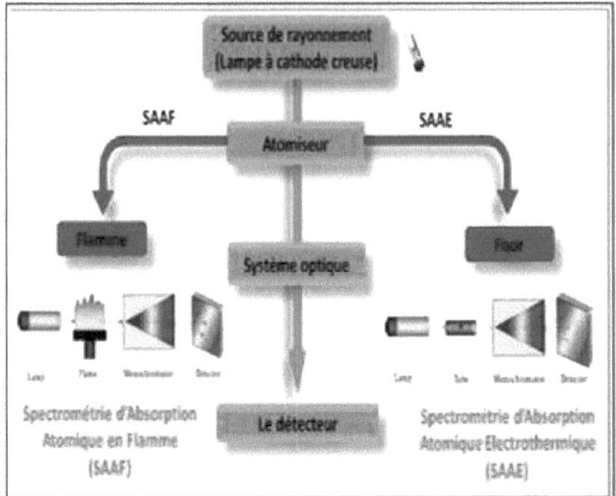

Figura 12: Equipamento de espetrometria de absorção atómica

c. O isolamento e a quantificação dos comprimentos de onda de interesse podem ser conseguidos utilizando detectores, e para controlar o funcionamento do instrumento, bem como para recolher e processar os dados, o sistema informático é uma grande ajuda.

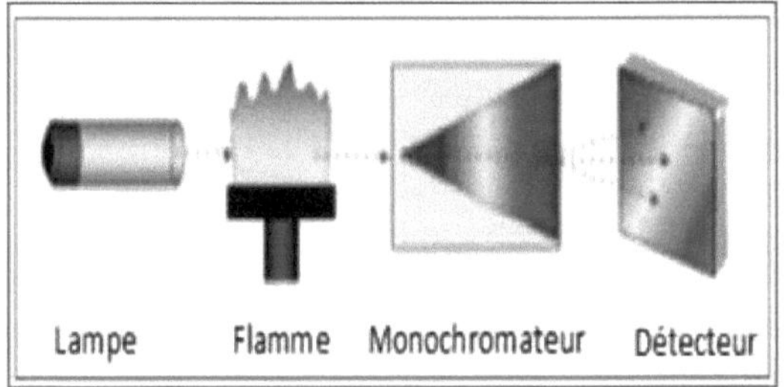

Figura 13: Equipamento de espetrometria de absorção atómica em

3.3.5 Programa de temperatura

A estufa é aquecida de acordo com um programa específico para a substância a analisar em 04 etapas **(Figura 14).**

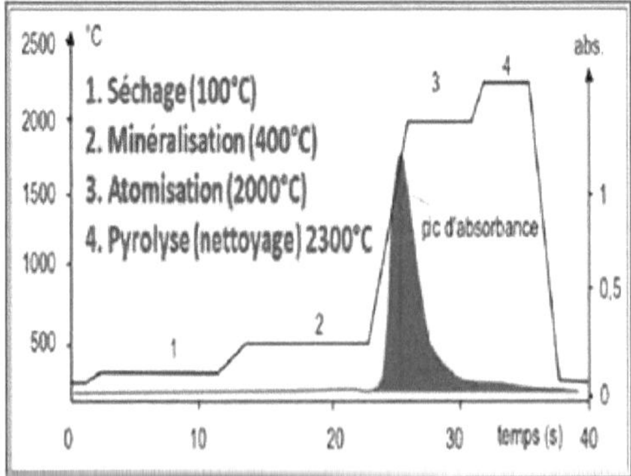

Figura 14: Programa de temperatura para a espetrometria de absorção atómica electrotérmica

3.3.6 Aplicações

a. A SAA é uma técnica espectrométrica sensível e altamente selectiva para a determinação de muitos elementos a nível de vestígios e ultra-vestígios, tais como Cd, Cr, Zn, Cu, Ag, Mn, Mg, Hg, As, Sc, etc., ao nível de picogramas em solos, sedimentos e amostras de plantas. Por exemplo, esta técnica é muito útil para os cientistas que trabalham na investigação do impacto das actividades mineiras e industriais.

b. A espetrometria de absorção atómica (AAS) pode ser utilizada para estimar os metais nos fluidos corporais, como o soro e o sangue total, para além da urina e dos tecidos, como parte das investigações toxicológicas em estudos clínicos [Calatayud JM, Icardo MC. 2005].

c. A SAA provou ser uma ferramenta muito útil, particularmente para determinar a qualidade dos alimentos. A este respeito, está envolvida na determinação de metais alcalinos e alcalino-terrosos, uma vez que estes elementos actuam como microconstituintes em amostras de alimentos.

d. A SAA é uma das técnicas mais úteis para o controlo da qualidade da água.

3.4 Espectroscopia de emissão atómica

A espetroscopia de emissão atómica é uma técnica espectroquímica que permite analisar quantitativamente os elementos, dentro de um limite de deteção que varia entre partes por milhão e partes por mil milhões. Teoricamente, todos os elementos, exceto o árgon, podem ser detectados. Este método de análise tem a vantagem de poder medir simultaneamente a concentração de vários elementos numa amostra, sendo eficaz numa vasta gama de concentrações, o que não é possível com a espetroscopia de absorção. Além disso, a amostra pode ser analisada diretamente, quer esteja na forma sólida, líquida ou gasosa. A espetrometria de emissão atómica (EAA) é um método geral de análise elementar baseado no estudo ótico da radiação emitida por átomos que passaram a um estado excitado, geralmente ionizado.

3.4.1 Princípio de funcionamento

Os átomos são excitados termicamente na chama ou no plasma, de modo a reemitirem o seu espetro. Ao estudar os espectros detectados, podemos ver quais os elementos que compõem a amostra (Figura 15).

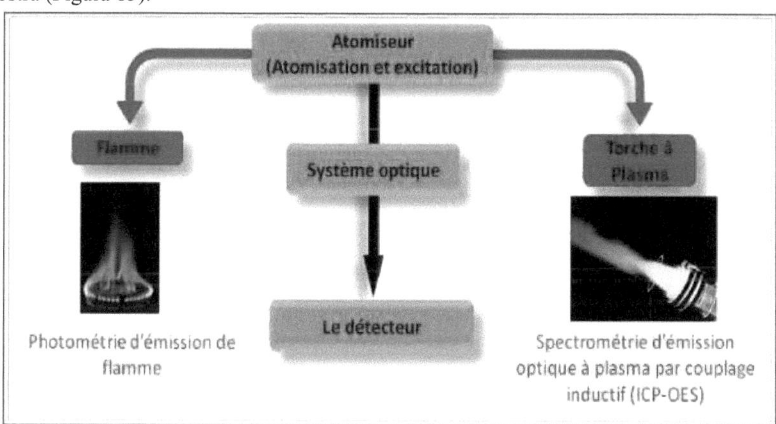

Figura 15: Equipamento de espetrometria de emissão atómica

3.4.2 Aplicação

As técnicas de emissão atómica são amplamente utilizadas e oferecem uma série de vantagens em relação à espetroscopia de absorção:

a- certos elementos podem ser analisados com maior sensibilidade e menos interferências

b- A emissão atómica permite efetuar análises qualitativas, o que não é o caso da absorção. Na espetroscopia de emissão, é a própria amostra que é a fonte de luz. Isto significa que vários elementos podem ser analisados simultaneamente.

3.5 Espectroscopia de ressonância magnética nuclear (RMN)

3.5.1 Princípio

A ressonância magnética nuclear (RMN) é uma das técnicas mais úteis e poderosas para determinar a estrutura molecular. O princípio da RMN baseia-se no facto de que, quando um forte campo magnético e um transmissor de radiofrequência são aplicados às moléculas da amostra, os núcleos atómicos dessas moléculas são excitados e formam linhas espectrais no espetro [Günther H. 2013].

3.5.2 Instrumentação

Os componentes de um espetrómetro de RMN são os seguintes

a. Fonte de radiação: um transmissor de radiofrequência (RF) que gera a corrente de radiofrequência. Esta corrente é enviada para a bobina do transmissor, que cria um sinal utilizado para excitar os protões no campo magnético.

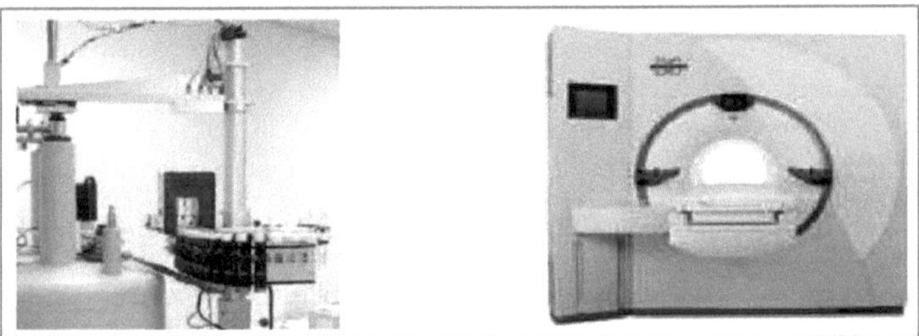

Figura 16 Amostras e ímanes para equipamento de RMN.

À esquerda, introdução robotizada de uma amostra em solução, colocada num "tubo de NMR", no interior do campo magnético produzido por uma bobina supercondutora mantida à temperatura do hélio líquido (reproduzido com a autorização da Bruker); à direita, um grande eletroíman concebido para a introdução de um tipo de amostra muito específico: o corpo humano (parte de um aparelho de ressonância magnética).

(Francis Rouessac, Annick Rouessac, 2004, P 307)

b. Um íman supercondutor, que produz um campo magnético no volume central do íman. O campo magnético produzido varia de 1 a 10 teslas. Os espectrómetros avançados de RMN estão equipados com solenóides supercondutores que geram um campo magnético superior a 3,5 T. O íman inclui um espaço para a sonda da amostra, bem como um conjunto de bobinas à temperatura ambiente (RTS) para reduzir a não homogeneidade do campo magnético no volume ativo da amostra.

c. Um recetor recebe o sinal absorvido sob a forma digitalizada, geralmente designada por "decaimento por indução livre" (FID)

d. Um computador, um amplificador e um conversor analógico-digital (ADC).

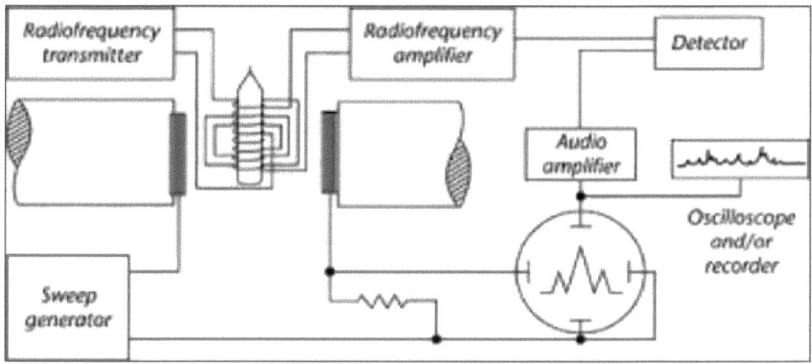

Figura 17. Componentes do espetrómetro de RMN

O espetro de RMN resulta da absorção pela amostra de algumas das frequências enviadas por esta fonte electromagnética. A interpretação dos sinais (posição, aspeto, intensidade) fornece uma série de informações sobre a amostra, que são mais facilmente interpretadas quando se trata de um composto puro.

Para compreender a origem destes espectros, que são muito diferentes dos espectros ópticos convencionais, é necessário analisar o spin dos núcleos (**Figura 18**).

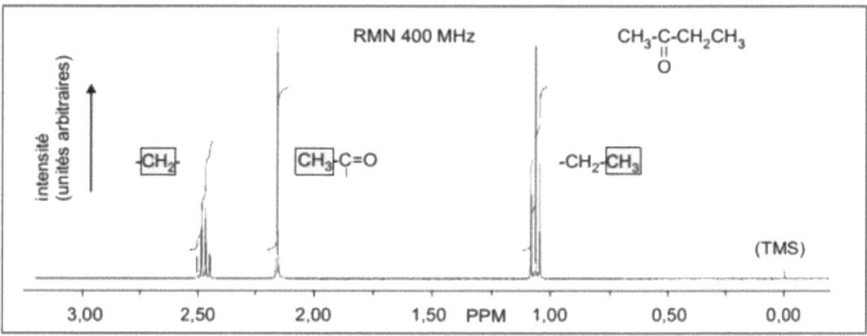

Figura 18 Apresentação convencional de um espetro de RMN de átomos de hidrogénio num composto orgânico.

Aqui mostramos o espetro da butanona [CH3 (C = O) CH2CH3] com a curva de integração sobreposta, permitindo avaliar as áreas relativas dos grupos principais.

sinais identificados no espetro. A natureza da escala das abcissas será explicada mais adiante.

(Francis Rouessac, Annick Rouessac, 2004, P 278)

3.5.3 Aplicações

a. Bioquímica: A RMN é uma técnica poderosa na investigação metabólica. Tornou-se um método de eleição para descobrir a dinâmica e a compartimentação das vias e redes metabólicas [Fan TWM, Lane AN. 2016]. [31]Além disso, a RMN é também útil para estudar amostras biológicas intactas, como o creur, o rim e o músculo esquelético, com o isótopo P .

b. Farmácia: A espetroscopia de RMN pode ser utilizada para visualizar átomos e moléculas individuais em vários líquidos, bem como no estado sólido [Diehl B. 2008]. É não destrutiva e fornece informações sobre a estrutura molecular, permitindo a elucidação da estrutura e a quantificação de várias moléculas orgânicas, bem como fornecendo informações sobre a estrutura química e a dinâmica das moléculas orgânicas em sistemas biológicos

[Misra G. 2019]. Estes estudos estruturais fornecem informações relacionadas com as funções das moléculas orgânicas, como aminoácidos, proteínas, hidratos de carbono e antibióticos, como a ciprofloxacina, a azitromicina e a valinomicina.

c. Química: A espetroscopia de RMN é utilizada de forma inequívoca para identificar novos compostos e, como tal, é geralmente exigida pelas revistas científicas para confirmar a identidade de compostos recentemente sintetizados.

d. A RMN tem sido utilizada para estudar sistemas de transporte de membranas in vivo ou sinteticamente. Por exemplo, tem sido utilizada para estudar o transporte de iões Na+ nos glóbulos vermelhos humanos.

e. A RMN tem sido utilizada para determinar quantitativamente a concentração de metabolitos. Um exemplo é a utilização da RMN para determinar a concentração de fosfocreatina no músculo humano [Upadhyay A, et al., 2009].

f. A RMN é uma técnica muito útil para a identificação e quantificação de hidrocarbonetos na indústria petrolífera. [113]Por exemplo, a ressonância magnética nuclear de protões (H) e (C) é utilizada na medição quantitativa de hidrocarbonetos líquidos na gasolina FACE. Oferece uma boa resolução espetral, o que é útil para quantificar os hidrocarbonetos líquidos na gasolina FACE (Ure AD, et al., 2019).

Capítulo 2

Métodos de fracionamento

4.1 Separação mecânica :

4.1.1 Separação sólido-sólido por dimensões

4.1.1.1 O desempenho de um classificador depende, segundo luckie et ai. (1980) :

a- o material de alimentação (distribuição granulométrica em relação à malha de corte, forma e densidade, propriedades reológicas),

b- as caraterísticas do classificador (tipo de classificação, configurações geométricas, opções de regulação, materiais utilizados no fabrico),

c - condições de funcionamento (temperatura e humidade ambiente, concentração de sólidos, energia disponível, débito de alimentação).

Estes parâmetros podem ser correlacionados (a reologia da pasta dependerá não só do material, mas também da percentagem de sólidos e da taxa de cisalhamento no classificador).

4.1.1.2 Rastreio

A crivagem é uma operação unitária de classificação das dimensões de grãos de material de várias formas e tamanhos, através da apresentação desses grãos em superfícies "perfuradas" que permitem a passagem de grãos mais pequenos do que as dimensões da perfuração, enquanto os grãos maiores são retidos e removidos separadamente. As técnicas de crivagem são utilizadas em muitos domínios. As superfícies de crivagem podem ser fabricadas a partir de uma grande variedade de materiais, consoante a dimensão da malha necessária e os materiais a separar: barras, varas, fios metálicos, tecidos naturais ou artificiais, espuma, etc.

4.1.2 Escolha das superfícies Os critérios para a escolha de uma superfície de crivagem em função de um serviço específico a prestar são :

a- resistência (não deformabilidade, resistência ao desgaste, etc.),

b- regularidade das aberturas,

c- a percentagem da superfície total coberta por passagens,

d - baixa capacidade de obstrução (obstruções devidas à humidade),

e - fraca resistência às obstruções causadas pela cavilha.

4.1.3 Principais tipos de equipamentos

A diversidade das aplicações é tal que os fabricantes se viram obrigados a criar uma gama muito vasta de equipamentos para as satisfazer. A repartição dos diferentes modelos em função das granulometrias a cortar.

4.1.4 Classificação hidráulica ou pneumática

A classificação granulométrica hidráulica (ou pneumática) refere-se a todos os processos utilizados para separar as partículas sólidas de uma suspensão num meio líquido ou gasoso em dois ou mais lotes de granularidade diferente pela simples ação de um campo de aceleração (gravitacional ou centrífugo).

4.1.4.1 Os principais processos de classificação hidráulica são :

(1) decantação simples por gravidade, (2) decantação sucessiva, (3) decantação em leito fluidizado, (4) centrifugação (Houot Robert, 1993).

4.1.4.1.1 Decantação

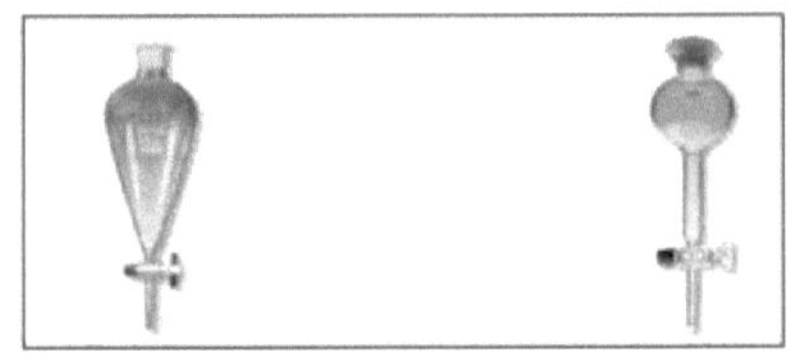

Figura 19. Diferentes tipos de funil de separação

Para o efeito, utilizam-se funis de separação. Existem vários tipos de funil de separação (Fig. 19). Os mais utilizados são os que têm a tubagem por cima da torneira, pois permitem uma melhor visualização da interface e, por conseguinte, uma separação mais fácil das duas fases.

4.1.4.1.2 Centrifugação

A centrifugação é uma técnica que separa os compostos de uma mistura de acordo com a sua densidade sob a ação da força centrífuga. São recuperados um precipitado (pellet) e um sobrenadante. A mistura a separar pode ser constituída por duas fases líquidas ou por partículas sólidas suspensas num líquido. A ultracentrifugação utiliza velocidades de rotação ainda mais elevadas (até 75.000 rotações por minuto) e permite a sedimentação de partículas ultra-microscópicas.

4.1.4.1.2.1 Princípio

A centrifugação é utilizada para separar componentes de tamanho e massa muito diferentes de um líquido (Fig. 20). Os constituintes contidos numa amostra são sujeitos a duas forças:

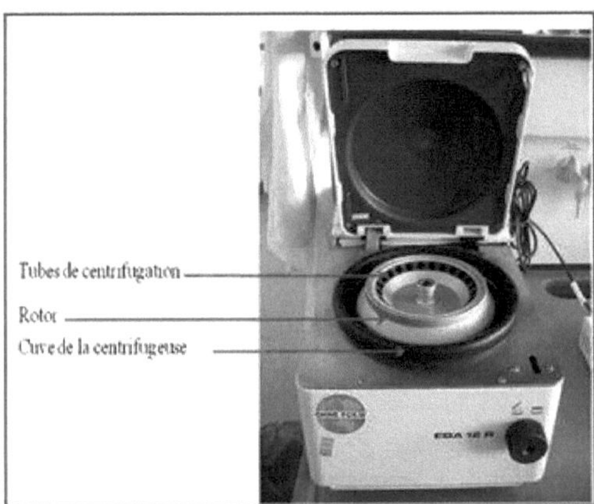

Figura 20. Centrifugadora.

a-Gravidade: É a força exercida de cima para baixo.

b-Boia de Arquimedes: É a força exercida de baixo para cima.

Para uma dada velocidade de rotação, cada rotor tem uma força centrífuga relativa em x.g (força gravitacional relativa ou aceleração) que pode ser expressa em velocidade de rotação em rotações por minuto utilizando a fórmula matemática de conversão. Esta fórmula é:

g = 1,119 x10 x r x N em que g é a força centrífuga relativa, r é o raio de rotação do rotor (em cm) e N (rotações por minuto: rpm) exprime a velocidade de rotação.

4.2 Separação por difusão :

4.2.1 Métodos de extração de óleos essenciais

4.2.1.1 Extração a vapor

Trata-se de um dos métodos oficiais de obtenção de OEs (Figura 21) [Farmacopeia Europeia (2007)]. Neste sistema de extração, o material vegetal é submetido à ação de uma corrente de vapor sem maceração prévia. Os vapores, saturados de compostos voláteis, são condensados e depois decantados no essenciador, antes de serem separados numa fase aquosa (HA) e numa fase orgânica (HE). A ausência de contacto direto entre a água e a matéria vegetal, e depois entre a água e as moléculas aromáticas, evita certos fenómenos de hidrólise ou de degradação que poderiam prejudicar a qualidade do óleo. Além disso, a fragrância do OE obtido é mais delicada e a destilação, que é regular e mais rápida, faz com que as notas de topo sejam ricas em ésteres [**Raaman, N. (2006)**].

As chamadas fracções "cabeça", fragrâncias altamente voláteis devido a moléculas leves, aparecem primeiro. Na maioria dos casos, meia hora é suficiente para recuperar 95% das moléculas voláteis, o que é suficiente para fins industriais e de perfumaria, como no caso da lavanda. Quando utilizada em aromaterapia, a operação deve ser prolongada o tempo necessário para recuperar todos os componentes aromáticos voláteis [**Kaloustian, J., & Hadji-Minaglou, F.**
(2012), **Masango, P.**
(2005), **Gavahian, M., & Chu, Y. H. (2018)**].

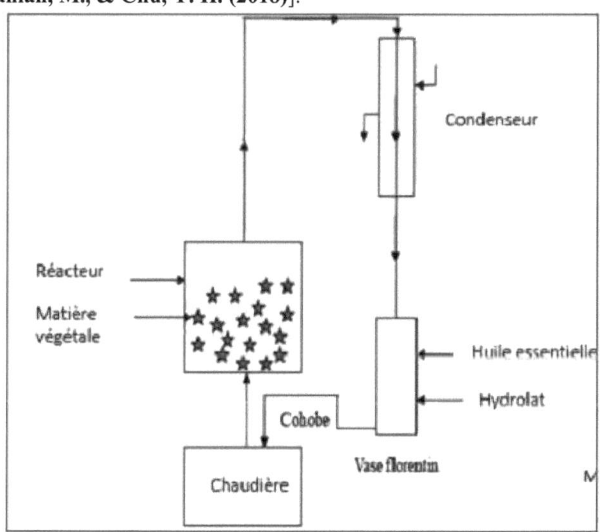

Figura 21. Princípio esquemático da extração de vapor (EVE) (**Farhat, A. (2010)**)

4.2.1.2 Extração por hidrodestilação

Consiste em mergulhar a matéria-prima num banho de água e levar o conjunto à ebulição (Figura 22, 23). É geralmente efectuada à pressão atmosférica. A destilação pode ser efectuada com ou sem cohobing das águas aromáticas obtidas durante a decantação. Alguns órgãos vegetais, nomeadamente as flores, são demasiado frágeis para suportar o tratamento por destilação a vapor e hidrodestilação (HD) [**Farhat, A. (2010)**].

No entanto, o contacto direto dos constituintes dos OEs com a água provoca reacções químicas que levam a alterações na composição final do extrato [**Raaman, N. (2006), Walton, N. N. J., & Brown, D. D. E. (1999)**].

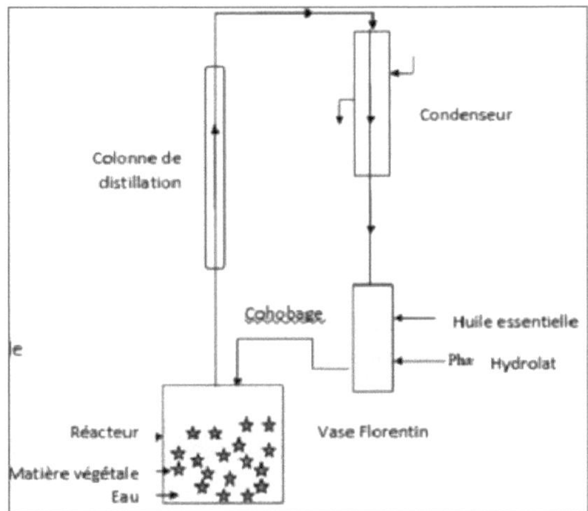

Figura 22. Princípio esquemático da hidrodestilação (HD) (**Farhat, A. (2010)**)

As condições de funcionamento e, nomeadamente, a duração da destilação têm uma influência considerável no rendimento e na composição do OE. É por isso que estão a ser desenvolvidos modelos matemáticos para otimizar estas condições, a fim de produzir OE de forma reprodutível.

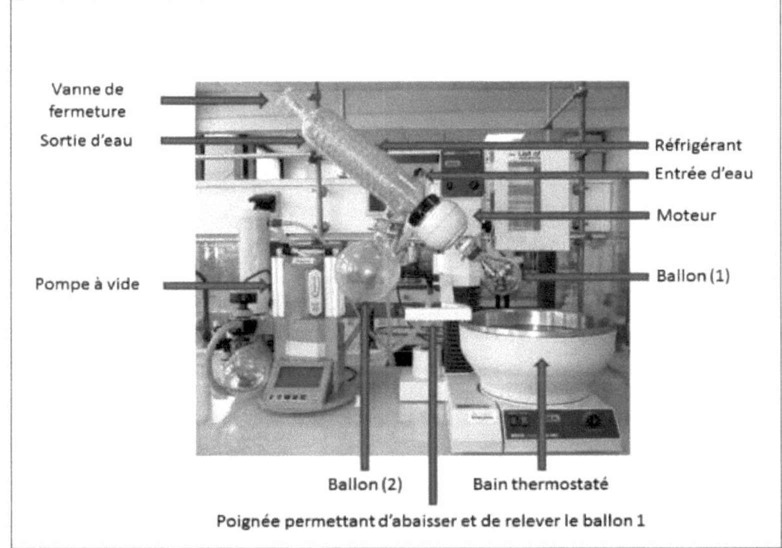

Fig. 23. Um evaporador rotativo (Clément de Mecquenem et al., 2018)

A labilidade dos constituintes dos OEs explica porque é que a composição do produto obtido por HD é, na maioria das vezes, diferente da da mistura inicialmente presente nos órgãos

secretores da planta [**Lucchesi, M. E. (2005), Boukhatem M.N. (2018)**].
A hidrodestilação tem os seus limites. Um aquecimento prolongado e forte provoca a deterioração de certas plantas e a degradação de certas moléculas aromáticas. A água, a acidez e a temperatura podem induzir a hidrólise dos ésteres, bem como rearranjos, isomerizações, racemisações e/ou oxidações [**Bruneton, J. (1999)**]. As grandes variações de composição evidenciadas pela revisão da literatura sobre os OE são, por conseguinte, fáceis de compreender.

4.2.1.3 Extração por solvente orgânico

Os solventes mais utilizados atualmente são o hexano, o ciclo-hexano, o etanol e, menos frequentemente, o diclorometano e a acetona. Além de ser permitido, o solvente escolhido deve ser estável ao calor, à luz e ao oxigénio. A sua temperatura de ebulição deve ser de preferência baixa, para facilitar a sua eliminação, e não deve reagir quimicamente com o extrato. A extração é efectuada com um aparelho de Soxhlet ou com um aparelho de Lickens-Nickerson (figura 24). Estes solventes têm um poder de extração superior ao da água, pelo que os extractos contêm não só compostos voláteis, mas também um grande número de compostos não voláteis, como ceras, pigmentos, ácidos gordos e muitas outras substâncias [**Hubert, R. (1992)**].
Consoante a técnica e o solvente utilizado, obtêm-se hidrolisados (água como solvente), alcoolatos (etanol diluído), tinturas (etanol/água), resinóides (extractos etanólicos concentrados) e concretos (extractos a frio e a quente utilizando vários solventes) [**Hernandez Ochoa, L. R. (2005)**].
A técnica "clássica" de extração por solventes consiste em colocar num extrator um solvente volátil e o material vegetal a tratar. Através de lavagens sucessivas, o solvente é carregado com moléculas aromáticas, antes de ser enviado para o concentrador para ser destilado à pressão atmosférica.
A utilização restritiva da extração por solventes orgânicos voláteis justifica-se pelo seu custo, por questões de segurança e toxicidade e pela regulamentação em matéria de proteção do ambiente. No entanto, os rendimentos são geralmente superiores aos da destilação e esta técnica evita a ação hidrolisante do vapor de água [**Lucchesi, M. E. (2005)**].
Face a esta situação, foram desenvolvidas nos últimos anos duas novas técnicas para destilar substâncias aromatizantes de plantas: a extração assistida por micro-ondas e a extração supercrítica com CO_2.

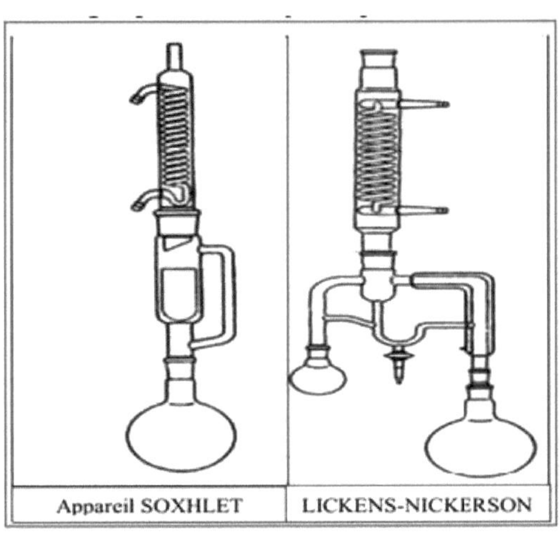

Figura 24: Configuração da extração com solventes

4.2.1.4 Extração assistida por micro-ondas

A vantagem deste processo é o facto de reduzir consideravelmente o tempo de destilação e aumentar o rendimento. No entanto, até à data, não foram efectuados quaisquer desenvolvimentos industriais. A destilação assistida por micro-ondas é atualmente objeto de numerosas investigações e está em constante aperfeiçoamento, pois apresenta numerosas vantagens: tecnologia verde, economia de energia e de tempo, investimento inicial reduzido e minimização da degradação térmica e hidrolítica [**Lucchesi, M. et al, (2004)**, **Olivero-Verbel, et al, (2010)**].

A utilização de micro-ondas é também um método de extração em rápido desenvolvimento por direito próprio. Por exemplo, a SFME (Solvent Free Microwave Exatrction) é uma combinação original de aquecimento por micro-ondas e técnicas de destilação a seco. Envolve a colocação de material vegetal num reator num forno de micro-ondas sem adição de água ou solvente (Figura 25). O aquecimento interno da água contida na planta dilata as suas células e leva à rutura das glândulas e dos receptáculos oleíferos. O OE assim libertado é evaporado com a água da planta [**Wang, Z., et al, (2006)**].

Em comparação com a hidrodestilação tradicional, a SFME caracteriza-se por uma redução do consumo de energia e das emissões de CO_2 mas, sobretudo, por um tempo de extração cerca de 9 vezes mais rápido. Os OEs produzidos por este processo contêm uma maior proporção de compostos oxigenados, com valores de odor mais significativos, enquanto os monoterpenos estão presentes em menor quantidade [**Ferhat, M. et al, (2006), Golmakani, M. T., & Rezaei, K. (2008)**].

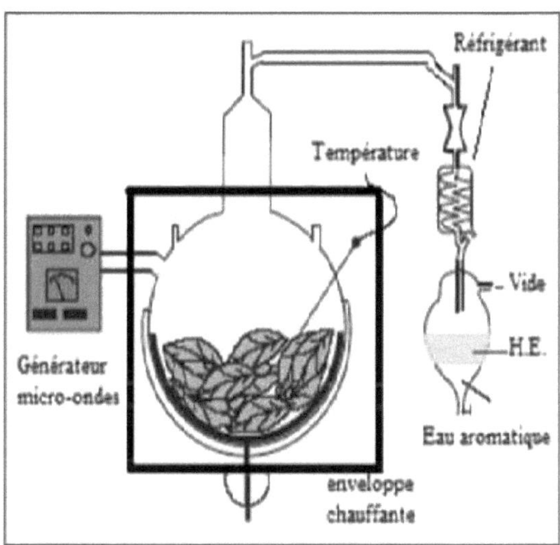

Figura 25: Hidrodestilação assistida por micro-ondas

O protocolo experimental para a extração assistida por micro-ondas sem solventes (SFME) baseia-se em três pontos-chave:

a-A quantidade de material vegetal foi fixada de modo a obter uma quantidade de OE suficiente para a separação por simples decantação. O objetivo deste protocolo era evitar a utilização de solventes orgânicos para obter um produto o mais limpo possível;

b-A potência de micro-ondas aplicada (300-450 Watts) durante a extração de SFME é necessariamente uma função da quantidade de material vegetal a ser tratado. Este valor representa a quantidade de potência aplicada em Watts por quilograma de material vegetal tratado;

c-O tempo total de extração é composto pelo tempo de aquecimento (primeira fase = 10 min) e pelo tempo de extração (segunda fase = 10 min). A capacidade de aquecimento das micro-ondas é muito superior à do aquecimento tradicional. O tempo de extração por micro-ondas será consideravelmente reduzido em comparação com a hidrodestilação convencional [**Farhat, A. (2010), Ferhat, M. et al., (2008)**].

Também neste caso, as experiências preliminares, bem como os dados da literatura [**Chemat, F., et al, (2013)**], mostraram que, em condições de micro-ondas, ao contrário de uma extração convencional do tipo "hidrodestilação", não era necessário aquecer durante longos períodos para obter rendimentos interessantes.

As micro-ondas actuam sobre certas moléculas, como a água, que absorvem a onda e convertem a sua energia em calor. Ao contrário do aquecimento convencional por condução ou convecção, a libertação de calor ocorre na massa. Numa planta, por exemplo, as micro-ondas são absorvidas pelas partes mais ricas em água da planta (os vacúolos, os reservatórios líquidos das células) e depois convertidas em calor. O resultado é um aumento súbito da temperatura no interior do material, até que a pressão interna ultrapasse a capacidade de expansão das paredes celulares. O vapor destrói a estrutura das células vegetais e as substâncias presentes no interior das células podem então fluir livremente para o exterior do tecido biológico, sendo o HE arrastado pelo vapor [**Farhat, A. (2010)**].

Lucchesi et al [**2005**] extraíram OEs por SFME de três ervas aromáticas: manjericão, hortelã e tomilho. Utilizando esta técnica, isolaram e concentraram os compostos voláteis num único passo, sem adicionar solvente ou água. Os OEs extraídos eram mais ricos em compostos oxigenados do que o método convencional. Com efeito, a abundância de compostos oxigenados nos OEs está ligada ao aquecimento rápido das substâncias polares por micro-ondas e à fraca quantidade de água no meio, que impede a degradação dos compostos por reacções térmicas e hidrolíticas. Esta técnica oferece uma série de vantagens, tais como tempos de extração mais curtos, uma redução da quantidade de solvente e uma reprodutibilidade muito boa com bons rendimentos.

O OE obtido por destilação nunca representa exatamente o aroma e a fragrância naturalmente presentes na planta. A extração assistida por micro-ondas, uma técnica nova, inovadora e amiga do ambiente, pode resolver alguns dos problemas associados à destilação.

4.2.1.5 Extração com fluido supercrítico

A originalidade da técnica de extração com fluidos supercríticos, conhecida por SFE (Fig. 26), resulta da utilização de solventes no seu estado supercrítico, ou seja, em condições de temperatura e pressão em que o solvente se encontra num estado intermédio entre as fases líquida e gasosa e apresenta propriedades físico-químicas diferentes, nomeadamente um maior poder de solvatação. Embora muitos solventes possam ser utilizados na prática, 90% das EFS são efectuadas com dióxido de carbono (CO_2), principalmente por razões práticas. Para além de ser fácil de obter devido à sua pressão e temperatura críticas relativamente baixas, o CO_2 é relativamente não tóxico, está disponível em elevado grau de pureza e a baixo custo, e tem a vantagem de ser facilmente removido do extrato [**Leszczynska, D. (2007)**].

A SFE é uma técnica "verde" que utiliza pouco ou nenhum solvente orgânico e tem a vantagem de ser muito mais rápida do que os métodos tradicionais. As composições químicas dos OEs obtidos por esta via podem diferir qualitativa e quantitativamente das obtidas por hidrodestilação [**Gomes, P et al, (2007)**, **Peterson, A., et al, (2006)**, **Pereira, C. G., & Meireles, M. A. A. (2010)**].

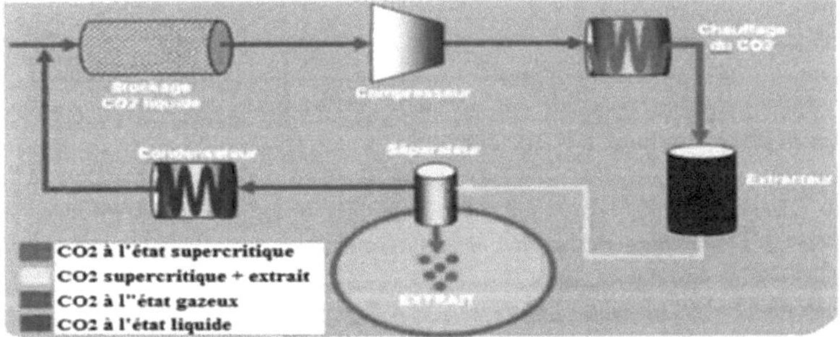

A Figura 26 mostra a técnica de extração supercrítica de CO2 (como exemplo).

4.2.2 Cromatografia

4.2.2.1 Cromatografia em fase gasosa

Trata-se de uma técnica de química analítica que separa compostos voláteis ou volatilizáveis sem degradação (não termolábeis). O seu poder de separação excede o de todas as outras técnicas, pelo menos para os óleos essenciais.

A cromatografia gasosa (GC) é uma técnica muito utilizada (Fig. 27). Apresenta um certo número de vantagens, nomeadamente a sensibilidade, a versatilidade, o desenvolvimento rápido de novas análises e a possibilidade de automatização, o que aumenta o seu interesse (Rouessac. F et al, 2007).

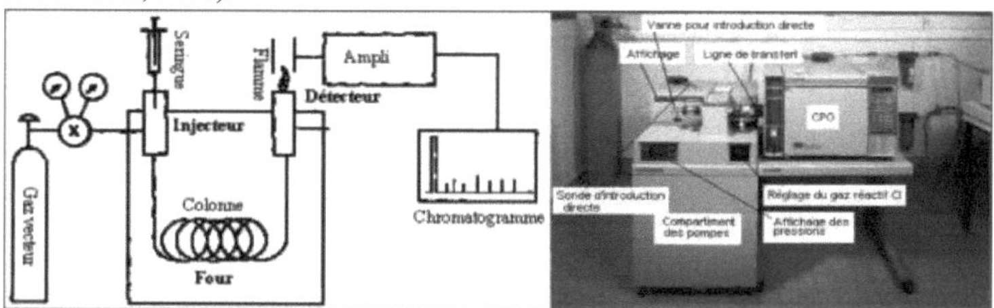

Figura 27: Aparelho para um GPC

A técnica foi aperfeiçoada e pode atualmente ser utilizada para separar os constituintes de misturas muito complexas que contenham até 200 compostos (Mendham J et al, 2005). Aplica-se principalmente a compostos gasosos ou que podem ser vaporizados por aquecimento sem decomposição. A sua utilização é cada vez mais frequente nos principais domínios da química. A mistura a analisar é vaporizada à entrada de uma coluna, que contém uma substância ativa sólida ou líquida, designada por fase estacionária, e é depois transportada através da coluna com um gás de arrastamento. As diferentes moléculas da mistura separam-se e saem da coluna umas a seguir às outras após um determinado período de tempo, que depende da afinidade da fase estacionária por essas moléculas (Burgot G e Burgot J. L, 2011).

4.2.2.2 Espectrometria de massa

Foi em 1898 que Joseph John Thomson fez as primeiras medições da razão massa/carga (*m/z*) dos electrões. A sua investigação teórica e experimental sobre a condutividade eléctrica dos gases valeu-lhe um Prémio Nobel em 1906.

A espetrometria de massa é uma técnica analítica poderosa utilizada para quantificar materiais conhecidos, identificar compostos desconhecidos numa amostra e elucidar a estrutura e as propriedades químicas de diferentes moléculas. O processo consiste em transformar a amostra em iões gasosos, com ou sem fragmentação, que são depois caracterizados pelas suas relações *m/z* e abundâncias relativas **(Fabrice BRAY, 2017)**.

Por exemplo, se uma amostra de metanol (CH3 OH) no estado gasoso for ionizada por bombardeamento de electrões, uma pequena fração das moléculas é transformada em espécies portadoras de carga, incluindo os iões positivos CH_3O**H**]+. Estes iões, formados num estado excitado, têm excesso de energia, o que faz com que muitos deles se fragmentem quase imediatamente. No entanto, nem todos se dissociam da mesma forma, pelo que se forma todo um conjunto de iões com massas inferiores às das moléculas originais de metanol. De um modo geral, estes fragmentos, nascidos de

As quebras de ligação e as reacções de rearranjo subsequentes contêm informações sobre a molécula inicial (fig. 28 a).

Os resultados são apresentados num gráfico chamado espetro de massa, que mostra as abundâncias dos iões formados por ordem crescente da sua razão massa/carga (fig. 28). Ao funcionar em condições idênticas, a fragmentação é reprodutível e, por conseguinte, caraterística do composto estudado. Este último é destruído pela análise (Francis Rouessac e

Annick Rouessac, 2004).

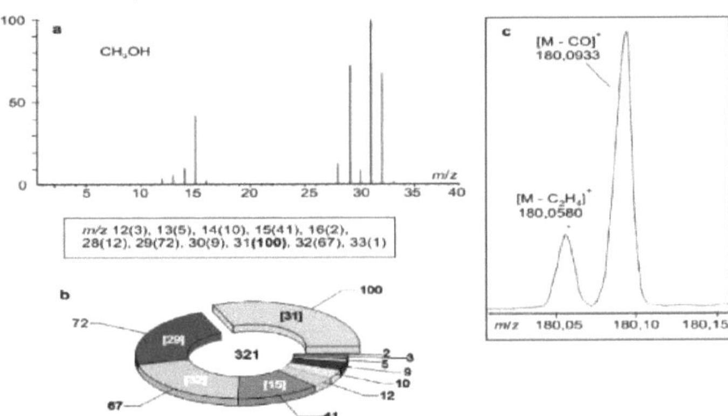

Figura 28 Espectro de fragmentação e espetro de massa apresentados em forma gráfica ou tabular.

a) Espectro de fragmentação do metanol; b) Representação não convencional do mesmo espetro sob a forma de um diagrama circular: estatisticamente, para 321 iões formados, há 100 de massa 31 u (Da), 72 de massa 29, etc. Os diferentes iões constituem populações muito diferentes; c) Parte de um registo de alta resolução de um composto M mostrando dois iões de massa semelhante (um por perda de CO e outro de C2H4) (Francis Roux). Os vários iões constituem populações muito diferentes; c) Parte de um registo de alta resolução de um composto M mostrando dois iões de massa semelhante (um por perda de CO e o outro de C2H4) (Francis Rouessac e Annick Rouessac. 2004).

4.2.2.2.1 O espetro de massa pode corresponder a dois tipos muito diferentes de gráficos:

a-O espetro contínuo (perfil) do intervalo de massa selecionado. O gráfico corresponde a um conjunto de sinais sob a forma de picos de largura variável, consoante a qualidade do instrumento.

(fig. 28c). $^{-5}$Estes picos, distribuídos em função da sua massa, permitem determinar a massa dos iões com uma precisão de até 10 Da para os melhores instrumentos. ^{6}O limite superior de massa, em constante aumento, ultrapassa os 10 Da.

b-Espectro de fragmentação ("espetro de barras" ou gráfico de barras). Corresponde à distribuição de todos os iões formados, agrupados nas massas nominais (Fig. 28) mais próximas das suas massas reais e apresentados sob a forma de linhas verticais. O tipo de ião mais abundante dá origem ao pico mais intenso, denominado pico de base, ao qual é atribuído um índice de 100. As intensidades dos outros picos são expressas em percentagem do pico de base. Esta representação gráfica das massas divididas em populações, cujas alturas são proporcionais às suas abundâncias, corresponde a um histograma (fig. 28a,b). Estes diagramas são fáceis de arquivar e de comparar para efeitos de identificação. O inconveniente desta apresentação normalizada, que conduz ao tipo de gráfico mais utilizado em análise, é que a mesma massa nominal pode corresponder a iões de composição atómica diferente (Francis Rouessac e Annick Rouessac, 2004).

4.2.2.2.2 O espetrómetro de massa é composto por 3 partes principais (figura 29):

a-A fonte de ionização, que permite que as moléculas passem para a fase gasosa e sejam ionizadas, b-O analisador, que separa os iões de acordo com a sua relação *m/z*, c-O detetor, acoplado a um sistema informático, que processa os dados,

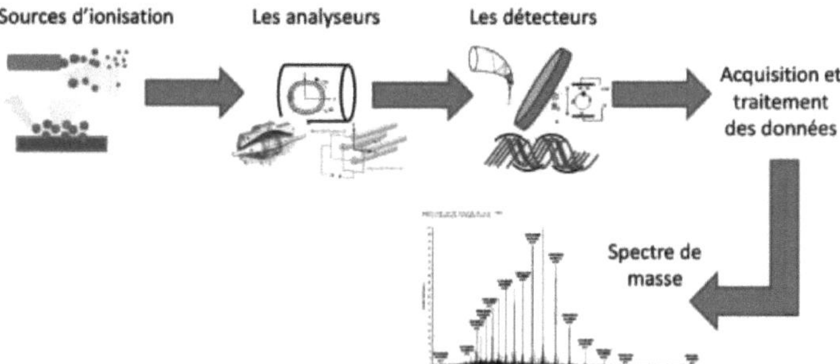

Figura 29: Representação esquemática de um espetrómetro de massa (Fabrice BRAY, 2017).

Existe uma grande diversidade de equipamentos de espetrometria de massa, devido à grande variedade de fontes, analisadores, tipos de acoplamento e fragmentação. Naturalmente, nem todas as configurações são viáveis.

Estas configurações variáveis de instrumentos permitem a análise de amostras de diferentes naturezas e a obtenção de uma variedade de informações. A resolução e a sensibilidade diferem de um instrumento para outro devido à sua configuração.

As duas caraterísticas instrumentais essenciais para a medição de iões por espetrometria de massa são o poder de resolução e a precisão da medição da massa. Uma boa resolução espetral permite determinar o estado de carga dos iões, aceder à sua distribuição isotópica e discriminar os iões isobáricos. Esta resolução está também ligada à exatidão da medição da massa, que corresponde à nitidez do pico observado (**Fabrice BRAY, 2017**).

4.2.2.3 Análise por acoplamento da cromatografia gasosa à espetrometria de massa (GC/MS)

A cromatografia gasosa-espetrometria de massa (Fig. 30) é um método analítico que combina o desempenho da cromatografia gasosa e da espetrometria de massa para identificar e/ou quantificar com precisão muitas substâncias. O método baseia-se na separação dos constituintes por GC e na sua identificação por MS.

A cromatografia em fase gasosa separa as fracções moleculares que compõem a amostra em função da velocidade de movimento e do tempo de retenção que levam a percorrer uma coluna cheia de uma fase estacionária. A espetroscopia de massa utiliza fontes de energia para ionizar, fragmentar e, por fim, separar os grupos moleculares em função da relação massa/carga eléctrica (m/q) (Naira PEREZ VASQUEZ, 2015).

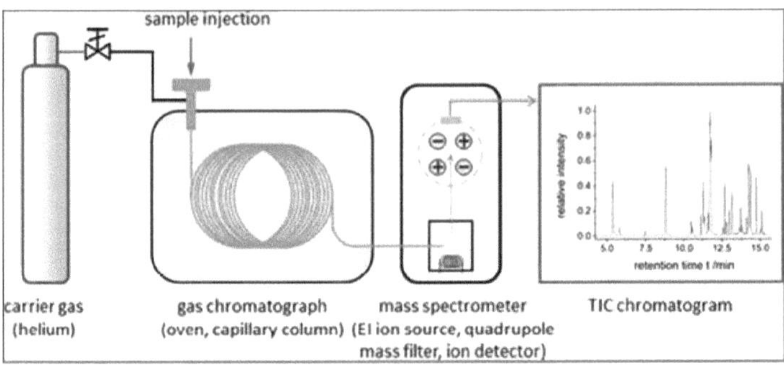

Figura 30: Diagrama de acoplamento GC/MS

A combinação destas duas técnicas de análise GC/MS permite separar os componentes da amostra e identificar cada um deles, fornecendo uma análise qualitativa e quantitativa completa do produto a analisar. A identificação é então efectuada através da comparação dos índices de retenção (Ir) e dos dados espectrais (espectros de massa) dos componentes individuais com as caraterísticas dos produtos de referência contidos nas bibliotecas espectrais. A vantagem de associar uma interface cromatográfica a um espetrómetro é a possibilidade de analisar o espetro individual de um composto.

É a técnica mais utilizada para a análise de óleos essenciais, em grande parte devido à facilidade de utilização de sistemas de separação e deteção de elevado desempenho e ao seu custo relativamente baixo.

O espetrómetro de massa deve efetuar as seguintes operações: 1- vaporizar; 2- ionizar; 3- medir as relações m/z.

4.2.2.3.1 Classicamente, o espetrómetro de massa é composto por 3 partes principais:

a-A fonte de ionização, cujo papel é trazer as moléculas para a fase gasosa e ionizá-las.

b- O analisador, que separa os iões em função da sua relação m/z.

c- O detetor, que é acoplado a um sistema informático para processar os dados e produzir espectros de massa (Naira PEREZ VASQUEZ, 2015).

4.2.2.3.2 Principais modos de análise - exemplos de aplicações :

A combinação da cromatografia em fase **gasosa e da espetrometria de massa (CG-EM)** está atualmente no seu auge, com aplicações em domínios tão variados como a indústria alimentar, a medicina, a farmacologia e o ambiente (Tranchant J., 1995). A técnica GC-MS está reservada à análise de moléculas facilmente vaporizáveis e termicamente estáveis, ou seja, numa primeira aproximação, compostos de peso molecular baixo a médio (inferior a 700 Da). Tendo em conta estas limitações, a CG-EM é um instrumento de análise formidável. A diversidade dos métodos de injeção e das colunas capilares (geometria, natureza da fase estacionária) permite a separação de misturas extremamente complexas (óleos essenciais, metabolitos, hidrocarbonetos, etc.) (Stéphane Bouchonnet e Danielle Libong, 2014). As aplicações incluem a deteção de armas químicas [SYAGE (J.A.), et al, 2001] [HOOIJSCHUUR (E.W.), et al, 2002], de explosivos [FIALKOV (A.B.) e AMIRAV (A.), 2003] para o controlo ambiental [MARRIOTT (P.J.), et al, 2003] [SANTOS (F.J.) e GALCERAN (M.T.), 2003] ou para a investigação espacial [NIEMANN (H.B.), et al, 2002].

7-2-4 Cromatografia líquida de alta resolução (HPLC)

A análise por HPLC permite separar compostos em solução, eluindo-os através de uma coluna cromatográfica com uma fase móvel líquida, ela própria percolada a alta pressão. Existe uma verdadeira interação tripla entre o analito, a fase estacionária e a fase móvel, baseada na afinidade físico-química entre os três **(BURGOT e BURGOT, 2006; MARCOZ, 2003).**

Este método pode ser utilizado para separar compostos de massa molar variável e de natureza química diferente. A HPLC tornou-se a principal técnica analítica utilizada nos laboratórios de investigação e análise. Abrange todos os domínios de aplicação **(SAUNIER e GODIN, 2013)**.

4.2.2.3.3 Princípio

A fase móvel passa através de um tubo chamado coluna, que pode conter grânulos porosos (coluna empacotada) ou ser coberta no interior por uma película fina (coluna capilar). Em ambos os casos, a coluna é designada por fase estacionária.

A mistura a separar é injectada na entrada da coluna onde é diluída na fase móvel, que a transporta através da coluna. Esta mistura deve ser empurrada a alta pressão para assegurar um caudal constante através da coluna e evitar qualquer queda de pressão. **(CUQ, 2007).**

Se a fase estacionária tiver sido escolhida corretamente, os constituintes da mistura, geralmente designados por solutos, são retidos de forma desigual à medida que atravessam a coluna.

O resultado deste fenómeno, designado por retenção, é que os constituintes da mistura injectada se deslocam todos mais lentamente do que a fase móvel e a sua velocidade de deslocação é diferente. Assim, são eluídos da coluna um após o outro e separados. Cada soluto está então sujeito a uma força de retenção, exercida pela fase estacionária, e a uma força de mobilidade, devida à fase móvel. **(PANAIVA, 2006).**

Um detetor colocado à saída da coluna, acoplado a um registador, permite obter um gráfico denominado cromatograma. O detetor envia um sinal constante, denominado linha de base, para um registador na presença apenas do fluido de transporte; à medida que cada soluto separado passa, é registado um pico ao longo do tempo.

Em determinadas condições cromatográficas, o "tempo de retenção" (o tempo após o qual um composto é eluído da coluna e detectado) caracteriza qualitativamente uma substância. A amplitude destes picos, ou a área delimitada por estes picos e a extensão da linha de base, é utilizada para medir a concentração de cada soluto na mistura injectada.

O princípio consiste, portanto, em explorar as interações entre os solutos e as duas fases (móvel e estacionária) para separar esses solutos em função das suas afinidades e, assim, identificá-los e/ou medi-los **(PANAIVA, 2006).**

A cromatografia líquida de alta eficiência convencional envolve mecanismos de troca entre soluto, fase móvel e fase estacionária, baseados em coeficientes de partição ou adsorção, dependendo da natureza das fases presentes **(MARCOZ, 2003).**

4.2.2.3.4 Instrumentação

De acordo com os seguintes autores: **Saunier e Godin, (2013),** em todos os equipamentos de cromatografia líquida de alta eficiência, existe um conjunto de módulos ligados entre si por tubos de pequeno diâmetro, ilustrados no esquema abaixo (Fig. 31).

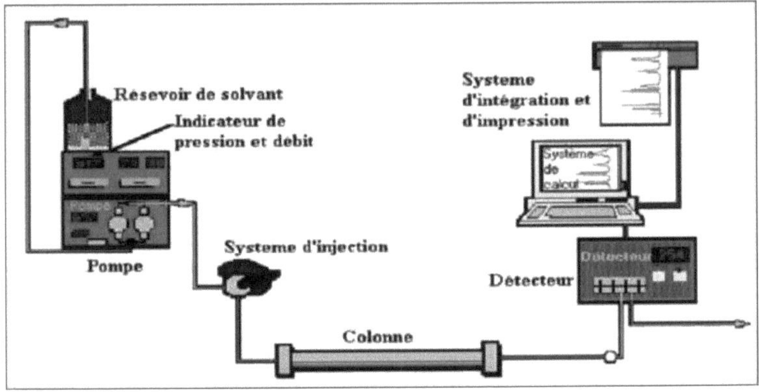

Diagrama 31: Instrumentação para HPLC.

4.2.2.3.4.1 Tanques de solventes

Contêm a fase móvel em quantidade suficiente, e estão disponíveis vários frascos de eluentes (solventes de polaridades diferentes) para que se possam produzir gradientes de eluição (misturas de vários solventes em concentrações variáveis) utilizando as bombas **(SALGHI. R, 2004).**

4.2.2.3.4.2 Bombas

As bombas utilizadas em HPLC fornecem solventes a um caudal constante sob pressões elevadas que podem ir até algumas centenas de bar, com o objetivo de forçar a fase móvel através da coluna. O seu papel é duplo:

Por um lado, permitem manter um caudal constante, independentemente da pressão e da variação da composição da fase móvel, mas também obter um caudal suficiente de até 10 ml/min sem perda de precisão e de reprodutibilidade. **(SAUNIER e GODIN, 2013)**

As bombas estão equipadas com um sistema de gradiente que permite programar a natureza do solvente. Assim, permitem trabalhar em modo isocrático (com 100% do mesmo eluente durante toda a análise) ou em modo gradiente (variação da concentração dos constituintes da mistura eluente). As bombas actuais têm caudais variáveis que vão de alguns μΐ a vários ml/min **(THIERRY, B .2009).**

Nota: A eluição em gradiente é mais dispendiosa do que a eluição isocrática e é preferível para amostras simples com menos de 10 componentes **(SCHELLINGER ET AL, 2006).**

4.2.2.3.4.3 Válvula de injeção

Este é um injetor com anéis de amostragem. Existem anéis de diferentes volumes: 10, 20, 50 μΐ. O volume do loop é escolhido de acordo com o tamanho da coluna e a concentração presumida dos produtos a serem analisados. O sistema de loop de injeção permite ter um volume injetado constante, sem variação significativa de pressão, no circuito desde as bombas até à entrada da coluna; isto é importante para a análise quantitativa. **(THIERRY. B, 2009); (LEBIHAN e LEMASSON, 2008)**

4.2.2.3.4.4 Colunas

O tubo deve ser de aço inoxidável ou de vidro (inerte aos produtos químicos). Tem uma secção transversal constante, com um diâmetro entre 4 e 20 mm e um comprimento geralmente entre 15 e 30 cm. Contém a fase estacionária, que pode ser polar (fase normal) ou não polar (fase inversa). **(THIERRY, B .2009) ; (LEBIHAN e LEMASSON, 2008)**

Os suportes das colunas são sólidos muito finamente divididos, cuja principal propriedade é o facto de serem inertes em relação às fases estacionária e móvel. O suporte mais utilizado é o gel de sílica, constituído por grãos com diâmetros que vão de 1,5 a várias dezenas de micrómetros. Estes grãos têm na sua superfície poros de diferentes diâmetros (80 a 300 µm) através dos quais a fase móvel flui. **(SAUNIER e GODIN, 2013)**

a-A fase normal: é constituída por sílica-gel; este material é muito polar, pelo que deve ser utilizado um eluente apolar. Isto significa que, quando uma solução é injectada, os produtos polares ficam retidos na coluna, ao contrário dos produtos apolares, que saem pelo topo **(PREMA, 2003).**

A desvantagem desta fase é a rápida deterioração da sílica gel ao longo do tempo, o que leva a uma falta de reprodutibilidade nas separações. **(THIERRY, B .2009)**

b-A fase reversa: é constituída principalmente por sílica enxertada com cadeias lineares de 8 ou 18 átomos de carbono (C8 e C18). Esta fase é apolar e, por conseguinte, necessita de um eluente polar (acetonitrilo, metanol, água). Neste caso, os compostos polares são eluídos em primeiro lugar.

Ao contrário de uma fase normal, a fase estacionária não sofre alterações ao longo do tempo e a qualidade da separação mantém-se constante **(JACOB. V, 2010); (FEKETE et al, 2009); (THIERRY, B .2009).**

A técnica de HPLC de fase inversa é frequentemente escolhida como primeira opção. É cada vez mais considerada como a melhor técnica de separação para obter alta resolução, tempos curtos e melhor reprodutibilidade dos tempos de retenção através da manipulação das condições de HPLC **(WANG. *et al*, 2003); (MAJORS. *et al*, 2002).**

Em geral, há muitos factores que influenciam a separação e a eficiência da coluna, incluindo a temperatura, o tamanho das partículas, o comprimento da fase móvel e o caudal **(WANG *et al*, 2003); (SNYDER. *et al*, 1988).**

4.2.2.3.4.5 Detectores

Colocado à saída da coluna, o detetor regista um sinal (elétrico ou ótico) em função do tempo, caraterístico da passagem progressiva dos solutos.

Normalmente, são utilizados dois tipos de detectores:

a-Detetor UV-visível: mede a absorção da luz pelo produto à saída da coluna e funciona com um comprimento de onda constante, regulado pelo operador. A lâmpada de deutério é utilizada para comprimentos de onda que variam de 190 a 350 nm e a lâmpada de vapor de mercúrio é utilizada para o comprimento de onda não variável de 254 nm **(JACOB. V, 2010); (THIERRY, B .2009); (LEBIHAN e LEMASSON, 2008).**

Segundo **Saunier e Godin, (2013),** para que este tipo de detetor seja utilizável, é necessário que

b-O produto a detetar absorve a luz num comprimento de onda acessível ao dispositivo e, se o seu coeficiente de absorção for suficientemente grande, a fase móvel não absorve a luz no comprimento de onda escolhido pelo operador.

4.2.2.3.4.6 O refratómetro :

Mede a variação do índice de refração do líquido à medida que este deixa a coluna. Esta medição é extremamente exacta, mas depende da temperatura do líquido. Este índice é comparado com o da fase móvel pura: existe portanto uma referência, daí o termo variação do índice.

Este detetor exclui as variações da composição da fase móvel, pelo que só é possível trabalhar em modo isocrático com este detetor. Os dados são recolhidos por meio de um integrador ou de uma estação de aquisição (Fig. 32) **(JACOB. V, 2010); (THIERRY, B .2009); (LEBIHAN e LEMASSON, 2008).**

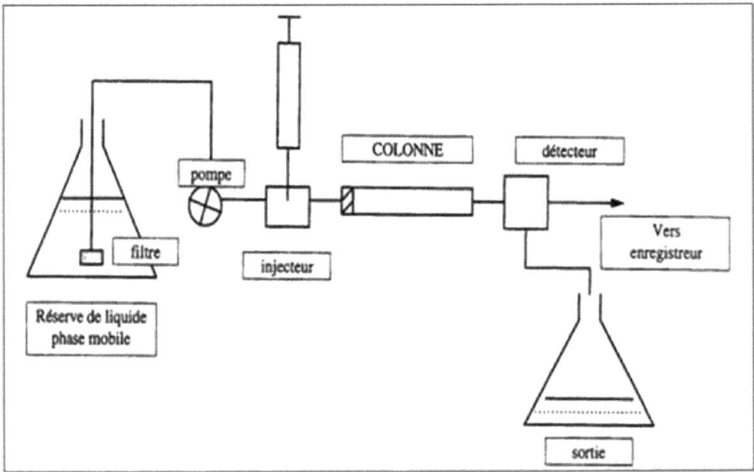

Figura 32: Princípio de funcionamento do HPLC

4.2.2.3.5 Análise de cromatogramas

Uma boa separação resultará numa separação distinta dos picos correspondentes a cada um dos produtos. A figura 33 mostra a diferença entre um bom e um mau cromatograma.

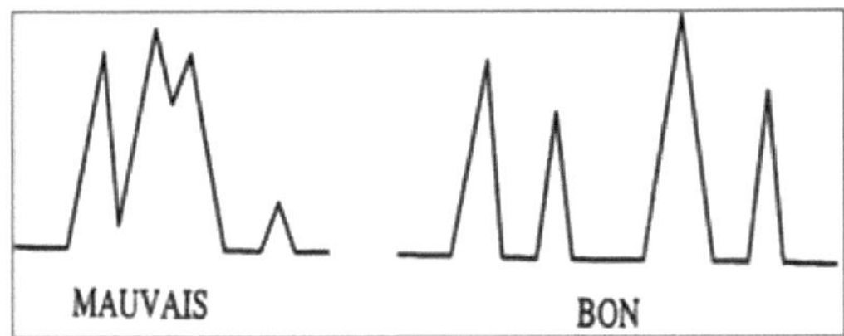

Figura 33: Análise qualitativa de um cromatograma.

Um cromatograma deve ser perfeitamente reproduzível, pelo que para cada análise é necessário especificar o tipo de coluna: marca, tipo, diâmetro, comprimento, suporte, etc., o tipo de eluente: solvente, se se tratar de uma mistura especificar a sua composição, o seu caudal, o modo de deteção λ em nm, a quantidade injectada, o início da injeção no cromatograma e a sensibilidade do detetor.

4.2.2.3.6 Análise qualitativa

a-Tempo de retenção

O tempo de retenção (t_R em min) é uma caraterística de cada soluto nas condições de funcionamento estabelecidas. A maior ou menor interação entre a fase móvel e a fase estacionária (polaridade normal ou inversa) tem um efeito sobre os tempos de retenção dos solutos.

Tempo de retenção (t_R) = tempo decorrido entre a injeção e o ponto máximo do pico.

Tempo morto (t_M) = tempo decorrido para que um componente não retido passe através da coluna.

O tempo de retenção é normalmente utilizado em vez do volume de retenção e o seu tamanho depende da natureza da fase estacionária, da natureza da fase móvel, do caudal da fase móvel e do comprimento da coluna.

4.2.2.3.7 Análise quantitativa

A cromatografia é uma técnica analítica quantitativa, baseada numa relação entre a quantidade de massa do soluto injetado e a área do pico do cromatograma dado pelo detetor, ou seja, a área dos picos cromatográficos é proporcional à concentração ou quantidade do produto analisado.

A massa m_i do soluto *i* detectado é proporcional à área *Ai* do sinal medido pelo detetor:

$mi = Ki.Ai$

Ki é o coeficiente de resposta do detetor para o soluto *i*. Depende da coluna utilizada, da sensibilidade do detetor ao soluto *i* e das condições experimentais.

Ai é a área do pico de eluição do soluto i no cromatograma. Esta área do pico é determinada automaticamente por meio de um registador-integrador.

Na prática, *Ki* e *Ai* devem, por conseguinte, ser determinados para um dado soluto *i* nas condições de análise indicadas.

4.2.2.3.8 Vantagens da cromatografia líquida de alta eficiência:

a-É utilizada para solutos com elevado peso molecular, baixa volatilidade e sensibilidade a temperaturas elevadas. Estes solutos podem ser não polares, polares ou iónicos.

b-Analisa quantidades muito pequenas, é extremamente sensível, tem um elevado poder de separação e uma excelente reprodutibilidade (JACOB. V, 2010; THIERRY, B .2009).

4.2.2.3.9 Aplicações de HPLC

O HPLC tem uma gama de aplicações extremamente vasta, mas é particularmente utilizado em cosmetologia e bioquímica. Pode ser utilizado para analisar substâncias termicamente instáveis, uma vez que a operação é efectuada à temperatura ambiente, ou substâncias de baixa volatilidade com um peso molecular até 2 000 000, ou substâncias ionizadas. Trata-se, portanto, de um método "suave" para as moléculas. As moléculas de interesse biológico, como as vitaminas, os açúcares e os ácidos, podem ser analisadas diretamente sem a formação de derivados, e as proteínas e os polímeros sintéticos podem ser separados, mesmo que a sua massa seja elevada. Alguns exemplos de aplicações:

a-Cinética das reacções químicas (OSTROWSK I. T *ET AL*, 2003) ou das reacções enzimáticas. (GHASHGHAIE .J ET AL, 2001) ; (CHEVIRON .N, 2000)

b-Cálculo do coeficiente de partição para séries de análogos (GUENARD .D. *Et Al*, 2000)

c-Estudo das caraterísticas fosfolipofílicas de uma família de moléculas orgânicas por HPLC .

d-Doseamento de moléculas activas em fluidos biológicos ou extractos brutos (ADELINE. MT *ET AL*, 1997)

e-Estudo analítico de extractos biologicamente activos de substâncias naturais (POUPAT. C. *Et Al*, 2000)

f-Isolamento de produtos puros a partir de misturas de produtos naturais ou sintéticos (DUMONTET. V *ET AL*, 2004)

A HPLC é um método físico-químico que permite detetar e quantificar os resíduos de uma gama bastante ampla de antibióticos, abrangendo todas as famílias utilizadas em medicina humana e veterinária. É um método muito mais seletivo e sensível do que os métodos microbiológicos, uma vez que permite identificar as moléculas separadamente, evitando assim problemas de possíveis interferências entre substâncias. (BOATTO *et al,* 1998)

Podem ser utilizados vários métodos de extração, incluindo a extração líquido-líquido, a ultrafiltração, a precipitação de proteínas e a extração em fase sólida (OLIVEIRA *et al,* 2006).

Capítulo 3

Métodos de marcação

5.1 Ensaio de imunoabsorção enzimática (ELISA)

O ensaio de imunoabsorção enzimática (ELISA) é frequentemente utilizado para medir a presença e/ou a concentração de um antigénio, anticorpo, péptido, proteína, hormona ou outra biomolécula numa amostra biológica. É extremamente sensível, capaz de detetar baixas concentrações de antigénio. A sensibilidade do ELISA é atribuída à sua capacidade de detetar interações entre um único complexo antigénio-anticorpo (Porstmann, T. e Kiessig S.T. 1992). Além disso, a inclusão de um anticorpo específico do antigénio conjugado zimaticamente permite a conversão de um substrato incolor num produto cromogénico ou fluorescente que pode ser detectado e facilmente quantificado por um leitor de placas. A partir dos valores gerados por quantidades tituladas de um antigénio de interesse conhecido, é possível determinar a concentração do mesmo antigénio em amostras experimentais. Foram adaptados diferentes protocolos ELISA para medir as concentrações de antigénio numa variedade de amostras experimentais, mas todos têm o mesmo conceito básico (Suleyman Aydin. 2015). A escolha do tipo de ELISA a realizar, indireto, em sanduíche ou competitivo, depende de uma série de factores, incluindo a complexidade das amostras a testar e os anticorpos específicos de antigénio disponíveis a utilizar. O ELISA indireto é frequentemente utilizado para determinar os resultados de uma resposta imunológica, como a medição da concentração de um anticorpo numa amostra. O ELISA em sanduíche é mais adequado para analisar amostras complexas, como sobrenadantes de culturas de tecidos ou lisados de tecidos, em que a substância a analisar, ou o antigénio de interesse, faz parte de uma amostra mista. Por último, o ELISA competitivo é mais frequentemente utilizado quando existe apenas um anticorpo disponível para detetar o antigénio de interesse. Os ELISA competitivos também são úteis para detetar um antigénio pequeno com apenas um epítopo de anticorpo único que não pode acomodar dois anticorpos diferentes devido a impedimentos estéricos.

5.1.1 Tipo de métodos ELISA (OIV-Oeno 427-2010 Modificado por OIV-COMEX 502-2012)

5.1.1.1 Protocolo geral para o método ELISA direto e indireto

O método direto, de um só passo, utiliza apenas um anticorpo conjugado que é incubado com o antigénio contido na amostra/referência e ligado à superfície.

O método indireto em duas fases utiliza um anticorpo secundário conjugado para a deteção. Em primeiro lugar, o anticorpo primário é incubado com o antigénio contido na amostra/referência e ligado ao poço. Segue-se a incubação com o anticorpo secundário conjugado que reconhece o anticorpo primário (**Figura 34**).

a-Direta

1-Preparar uma superfície à qual o antigénio da amostra esteja ligado.

2-Bloquear todos os sítios de ligação não específicos na superfície.

3-Aplicar anticorpos ligados a enzimas que se ligam especificamente ao antigénio.

4-Renxaguar a placa para remover o excesso de anticorpos (não ligados ao antigénio).

5-Adicionar uma substância química que será convertida pela enzima em cor, fluorescência ou sinal eletroquímico.

6-Medir a absorvância, a fluorescência ou o sinal eletroquímico (corrente) dos poços da placa para determinar a presença e a quantidade de antigénio.

Antes da análise, as preparações de anticorpos devem ser purificadas e conjugadas.

b-Indireto

1-Preparar uma superfície à qual o antigénio da amostra esteja ligado

2-Bloquear todos os sítios de ligação não específicos na superfície.

3-Aplicar anticorpos primários ligados a enzimas que se ligam especificamente ao antigénio.

4-Renxaguar a placa para remover o excesso de anticorpos primários (não ligados ao antigénio).

5-Aplicar anticorpos secundários ligados a enzimas que sejam específicos dos anticorpos primários.

6-Renxaguar a placa para remover o excesso de anticorpos conjugados com enzimas (não ligados).

7-Adicione uma substância química que será convertida pela enzima em cor, fluorescência ou sinal eletroquímico.

8-Medir a absorvância, a fluorescência ou o sinal eletroquímico (corrente) dos poços da placa para determinar a presença e a quantidade de antigénio.

Antes da análise, as duas preparações de anticorpos devem ser purificadas e uma delas conjugada.

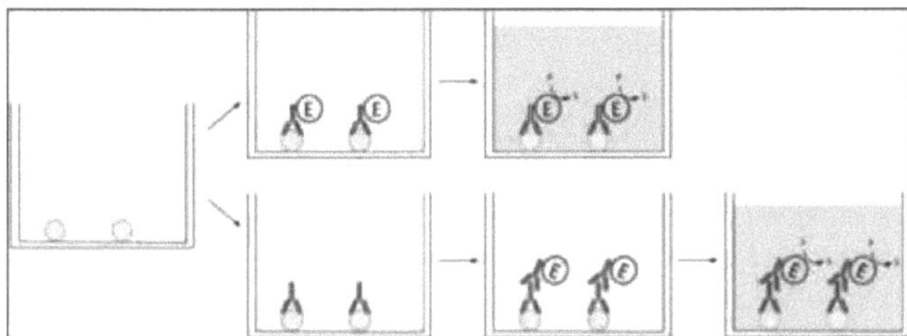

Figura 34: ELISA direto e indireto

Para a maioria das aplicações, uma placa de microtítulo de poliestireno com elevada capacidade de ligação é perfeitamente adequada; no entanto, consultar as instruções do fabricante para determinar o tipo de placa mais adequado para ligar o antigénio em questão.

A principal vantagem dos métodos ELISA diretos e indirectos é a sua elevada sensibilidade, conseguida através de um procedimento relativamente simples com reduzidas probabilidades de ligação não específica. No entanto, só é aplicável em casos que contenham baixos níveis de proteínas não antigénicas.

5.1.1.2 Protocolo geral para o método ELISA competitivo

O termo competitivo descreve testes em que a medição envolve a quantificação de uma substância de acordo com a sua capacidade de interferir com um sistema estabelecido. A deteção pode ser direta, utilizando o método de uma etapa, ou indireta, utilizando o método de duas etapas (SCIPPO, 2006) (**Figura 35**).

a-Direta

1. Preparar uma superfície à qual esteja ligada uma quantidade conhecida do antigénio desejado
2. Bloquear todos os sítios de ligação não específicos na superfície
3. Aplicar amostra (antigénio) ou referência e anticorpos ligados a enzimas

que se ligam especificamente ao antigénio numa microplaca revestida. Os antigénios imobilizados na superfície e os antigénios em solução competem pelos anticorpos. Assim, quanto maior for a quantidade de antigénio na amostra, menor será a capacidade do anticorpo para se ligar ao antigénio imobilizado.

4. Lavar a placa para remover o excesso (não ligado) de anticorpos e complexos anticorpo-antigénio não ligado

5. Adicionar uma substância química que será convertida em cor pela enzima, sinal de fluorescência ou eletroquímico

6. Medir a absorvância, a fluorescência ou o sinal eletroquímico (corrente) do poços da placa, para determinar a presença e a quantidade de antigénio

Antes da análise, as preparações de anticorpos devem ser purificadas e conjugadas.

b-Indireto

1. Preparar uma superfície à qual está ligada uma quantidade conhecida de antigénio
2. Bloquear todos os sítios de ligação não específicos na superfície
3. Aplicar amostra (antigénio) ou referência e anticorpos ligados a enzimas que se ligam especificamente ao antigénio numa microplaca revestida. Os antigénios imobilizados na superfície e os antigénios em solução competem pelos anticorpos. Assim, quanto maior for a quantidade de antigénio na amostra, menor será a capacidade do anticorpo para se ligar ao antigénio imobilizado.
4. Lavar a placa para remover o excesso (não ligado) de anticorpos e complexos anticorpo-antigénio não ligado
5. Adicionar um anticorpo secundário, específico do anticorpo primário, conjugado com um enzimática
6. Lavar a placa para remover o excesso de anticorpos conjugados (não ligados)
7. Adicionar uma substância química que será convertida em cor pela enzima, sinal de fluorescência ou eletroquímico
8. Medir a absorvância, a fluorescência ou o sinal eletroquímico (corrente) do poços da placa, para determinar a presença e a quantidade de antigénio

Antes da análise, as duas preparações de anticorpos devem ser purificadas e uma delas deve ser conjugada.

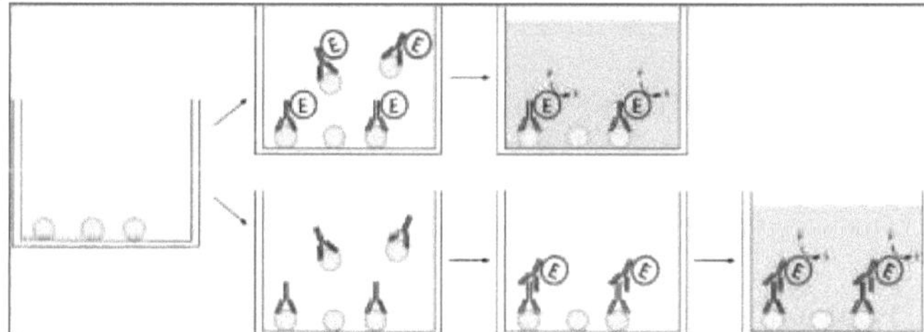

Figura 35: ELISA direto e indireto competitivo

No caso do ELISA competitivo, quanto maior for a concentração inicial de antigénio, mais fraco será o sinal possível.

Para a maioria das aplicações, é preferível uma microplaca com elevada capacidade de ligação; no entanto, consultar as instruções do fabricante para determinar que tipo de placa é mais adequado para ligar o antigénio em questão.

5.1.1.3 Protocolo geral para o método Sandwich ELISA

O ELISA em sanduíche mede a quantidade de antigénio entre duas camadas de anticorpos (ou seja, os anticorpos de captura e de deteção). O antigénio a ser medido deve conter pelo menos dois locais antigénicos diferentes (epítopos) para se ligar a dois anticorpos diferentes. Podem ser utilizados anticorpos monoclonais e policlonais (SCIPPO, 2006) (**Figura 36**).

a-Direta

1. Preparar uma superfície à qual o anticorpo de captura esteja ligado
2. Bloquear todos os sítios de ligação não específicos na superfície
3. Aplicar o padrão ou a amostra que contém o antigénio
4. Lavar a placa para remover as moléculas não reconhecidas pelo anticorpo de captura
5. Adicionar anticorpos ligados a enzimas (anticorpos de deteção) que se ligam à enzima. especificamente para o antigénio
6. Lavar a placa para remover o excesso de anticorpos ligados à enzima (não ligados)
7. Adicionar uma substância química que será convertida em cor pela enzima, sinal de fluorescência ou eletroquímico
8. Medição da absorvância, fluorescência ou sinal eletroquímico (corrente) de poços da placa, para determinar a presença e a quantidade de antigénio

Antes da análise, as duas preparações de anticorpos devem ser purificadas e uma delas deve ser conjugada.

b-Indireto

1. Preparar uma superfície à qual o anticorpo de captura esteja ligado
2. Bloquear todos os sítios de ligação não específicos na superfície
3. Aplicar a amostra que contém o antigénio
4. Lavar a placa para remover as moléculas não reconhecidas pelo anticorpo de captura
5. Adicionar anticorpos primários que se ligam especificamente ao antigénio
6. Lavar a placa para remover o excesso de anticorpos primários (não ligados)
7. Adicionar anticorpos ligados a enzimas (anticorpos secundários) que se ligam à enzima. especificamente para o anticorpo primário.
8. Lavar a placa para remover o excesso de anticorpos ligados à enzima (não ligados)
9. Adicionar uma substância química que será convertida em cor pela enzima, sinal de fluorescência ou eletroquímico
10. Medir a absorvância, a fluorescência ou o sinal eletroquímico (corrente) dos poços da placa para determinar a presença e a quantidade de antigénio.

Antes da análise, as duas preparações de anticorpos devem ser purificadas e uma delas conjugada.

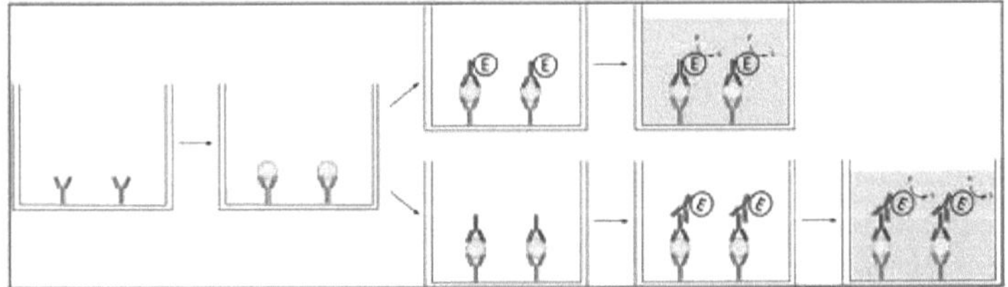

Figura 36: ELISA Sanduíche direto e indireto

Para o método ELISA Sanduíche indireto, é necessário que os anticorpos de captura e de deteção sejam cultivados em espécies diferentes (por exemplo, rato e coelho) para que os anticorpos secundários ligados a enzimas específicas para a deteção de anticorpos não se liguem também aos anticorpos de captura.

Para a maioria das aplicações, é preferível uma microplaca com elevada capacidade de ligação; no entanto, consultar as instruções do fabricante para determinar que tipo de placa é mais adequado para ligar o antigénio em questão.

No caso do método Sandwich ELISA, a medição é proporcional à quantidade de antigénio contido nas amostras.

A vantagem do método Sandwich ELISA é que as amostras originais não precisam de ser purificadas antes da análise e o método pode ser muito sensível.

5.2 Precipitação num meio de gel

5.2.1 Juros :

Os métodos de precipitação num meio de gel são aplicados à análise qualitativa de uma mistura de Ag numa solução ou ao ensaio imunoquímico de um Ag.

5.2.1.1 Dupla imunodifusão ou reação de Ouchterlony

O ensaio de imunodifusão de Ouchterlony, desenvolvido pelo médico sueco Örjan Ouchterlony, é utilizado para a deteção de antigénios e anticorpos, bem como para a determinação de homologias entre antigénios (Ouchterlony O. 1949, Ouchterlony O. 1962). Este ensaio também é habitualmente utilizado como exercício laboratorial em cursos de imunologia e microbiologia para ilustrar aos alunos as reacções de precipitação antigénio-anticorpo (Kindt T, et al., 2007, Armstrong B. 2008). No ensaio de Ouchterlony, uma série de amostras (os antigénios) é colocada nos poços exteriores de uma placa de gel e os anticorpos (soros) são colocados no poço central, após o que se difundem e formam diferentes linhas geométricas de precipitação no gel (Fig. 37). As linhas que se intersectam podem produzir identidade total (sem esporas), identidade parcial (com uma espora) ou não-identidade quando as duas linhas se intersectam completamente (duas esporas), como mostra a Fig. 37 (Hornbeck P. 2017, Bailey GS. 1996).

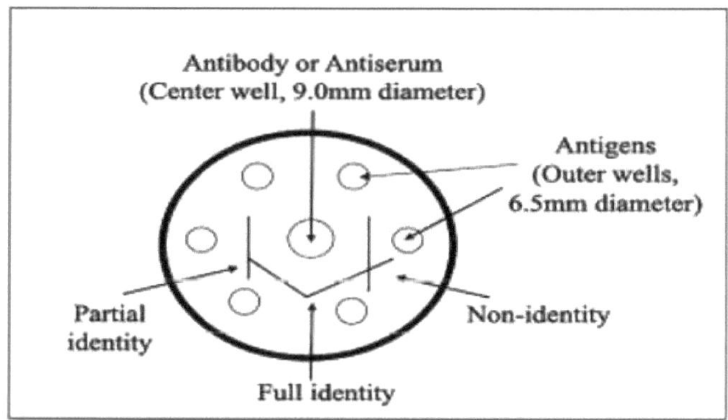

FIG 37. O ensaio de imunodifusão de Ouchterlony e os diferentes padrões geométricos de precipitação formados no gel de agarose. O soro é colocado no poço central e os antigénios são colocados nos poços exteriores. Formam-se linhas de precipitação entre os poços central e exterior e, dependendo da homologia entre antigénios adjacentes, formam-se diferentes padrões de projeção geométrica na intersecção, tais como identidade total (sem projeção), não-identidade (duas projecções) e identidade parcial (uma projeção).

As soluções de Ag e Ac são depositadas em poços espaçados num gel de agarose. As moléculas difundem-se no gel de acordo com o seu tamanho, formando linhas de precipitação para cada sistema Ag e Ac.

Cada linha de precipitação corresponde à respectiva zona de equivalência, ou seja, à formação de uma rede Ag-Ac.

Este método pode ser utilizado para analisar uma mistura de Ag e identificar os seus constituintes. Quando duas proteínas se difundem num gel ao encontrarem o Ac, é feita uma distinção entre reacções de identidade, não-identidade ou identidade parcial.

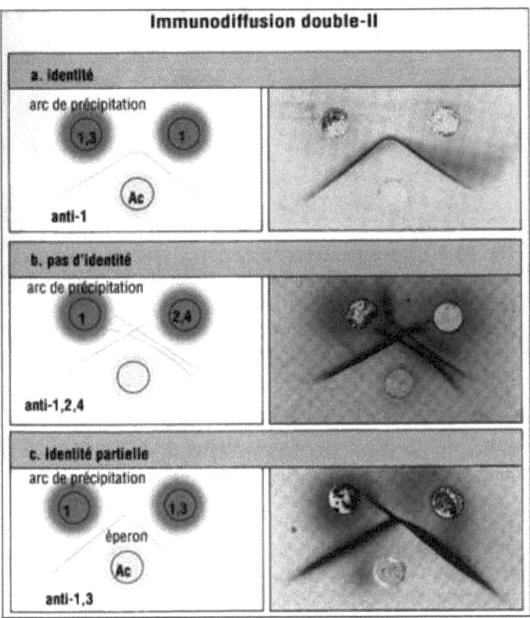

Figura 38: Imunodifusão em placa (técnica de Ouchterlony)

As bandas fundem-se, mas para além do ponto de fusão dos dois precipitados, existe uma projeção que prolonga o precipitado formado pelo antigénio. Esta é a reação de identidade parcial (Figura 38).

5.2.1.2 Procedimento de imunodifusão radial simples (técnica de Mancini)

Preparou-se agarose a 2% (SRL, Bombaim, Índia) em tampão fosfato-salino (PBS), pH 7,4, e transferiu-se para uma placa de Petri. A placa foi arrefecida a 60°C. Em seguida, adicionou-se à placa de Petri soro policlonal contendo anticorpos contra M. tuberculosis (a uma concentração de 600 µg de proteína do soro/3 ml/placa). A agarose com soro foi deixada a solidificar. Foram cortados poços e as amostras de teste (líquido cefalorraquidiano suspeito de TBM) em diferentes diluições foram carregadas utilizando uma micropipeta. As placas de gel foram incubadas numa câmara húmida durante 24 a 48 horas. O diâmetro dos anéis de precipitação foi medido. Quando o anel de precipitação era pequeno, o gel foi corado com commossie GR 250 amido black ou blue brilliance (0,25 g/100 ml) durante 30 minutos e depois descolorido com uma solução descolorante contendo 5:1:5 de metanol, ácido acético e água, tal como referido noutro local [Mancini G, et al., 1965] (Figura 39, 40).

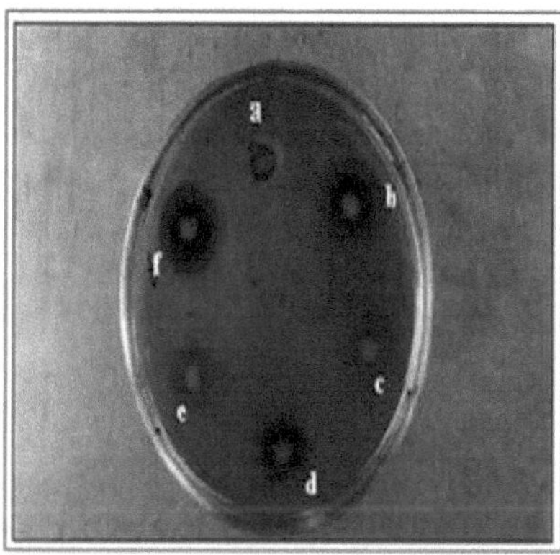

Figura 39. Ensaio de imunodifusão radial simples (SRID) utilizando placas inoculadas com soro policlonal dirigido contra a meningite tuberculosa (TBM). Os alvéolos b, d e f continham líquido cefalorraquidiano (LCR) de casos suspeitos de TBM e eram negativos para bacilos álcool-ácido resistentes (BAAR). Os poços a, c e e eram controlos negativos de doentes que sofriam de

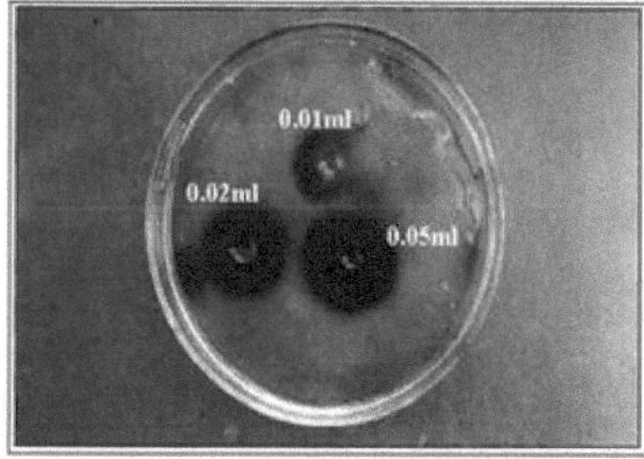

Figura 40. Soros produzidos com LCR com teste positivo para bacilos álcool-ácido resistentes (BAAR) para TBM semeados na placa de agarose. O antigénio livre de células para a TBM foi utilizado em diferentes alvéolos para demonstrar a especificidade do soro contra os bacilos da TBM (Rajpal S. Kashyap, et al., 2002).

5.2.1.3 Imunodifusão radial (técnica de Mancini)

Este método consiste em incorporar um antissoro específico no ágar e depositar a solução de Ag nos poços. No equilíbrio, forma-se um anel de precipitação, cujo quadrado do diâmetro é proporcional à concentração de Ag. A concentração é expressa por referência a uma curva-padrão com um Ag de concentração conhecida (figura 41).

5.3 Imunoblot ou Western blot

A transferência de proteínas ou ácidos nucleicos para membranas microporosas é designada por "blotting", e este termo engloba tanto o "spotting" (deposição manual de amostras) como a transferência a partir de géis planos. As proteínas que são separadas em géis de eletroforese em gel de poliacrilamida com dodecil sulfato de sódio (SDS-PAGE) são normalmente transferidas para suportes de membranas adsorventes sob a influência de uma corrente eléctrica, num procedimento conhecido como imunoprecipitação Western blot (WB) ou transferência de proteínas (Towbin H, et al., 1979, LeGendre N,1990). Os ácidos nucleicos são regularmente transferidos de géis de agarose para um suporte de membrana por ação capilar (imunoprecipitação Southern). A transferência de proteínas evoluiu a partir da transferência de ADN (Southern) (Southern EM, 1975) e da transferência de ARN (Northern) (Alwine JC, e Kemp DJ, 1977). O termo "Western blot immunoprecipitation" foi cunhado para descrever (Burnette WN, 1981) este procedimento, a fim de manter a tradição da designação "geográfica" iniciada pelo trabalho de Southern (Southern EM, 1975). As proteínas transferidas formam uma réplica exacta do gel e provaram ser o primeiro passo em várias experiências. A utilização posterior de sondas de anticorpos dirigidas contra proteínas ligadas à membrana (imunoprecipitação) revolucionou o domínio da imunologia (Fig. 42).

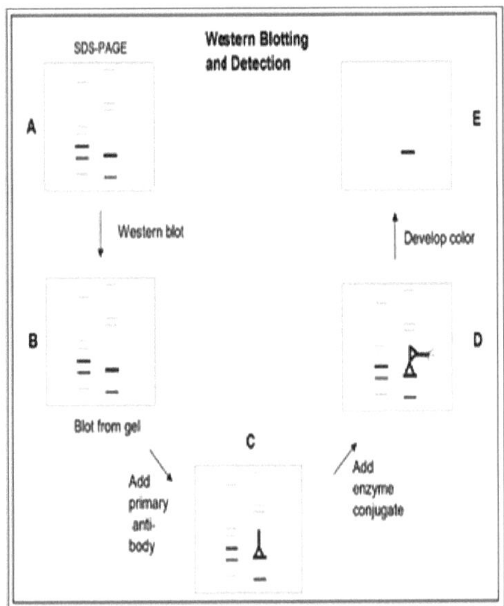

Figura 42:
Representação esquemática do procedimento de deteção e de Western blotting (A) Gel SDS PAGE não corado antes da Western blot. As bandas apresentadas são hipotéticas (B) Réplica exacta do gel SDS PAGE obtido como um blot após a transferência Western (C) Ligação do anticorpo primário a uma banda específica no blot (D) Ligação do anticorpo secundário conjugado a uma enzima (fosfatase alcalina ou peroxidase de rabanete) ao anticorpo primário (E) Desenvolvimento da cor da banda específica (Reproduzido da Ref. 10 com autorização da Elsevier).

Dot blot refere-se à análise de proteínas aplicadas diretamente na membrana e não após transferência de um gel. A utilidade da eletroforese em gel de poliacrilamida com dodecil sulfato de sódio de alta resolução (SDS-PAGE) foi limitada pelo facto de as proteínas separadas na matriz do gel serem de difícil acesso com sondas moleculares, até ao advento da imunoprecipitação de proteínas. A transferência de proteínas com subsequente imunodetecção encontrou muitas aplicações nos domínios das ciências da vida e da bioquímica. Este procedimento (Towbin H, et al., 1979, LeGendre N,1990) é um instrumento poderoso para a deteção e caraterização de uma multiplicidade de proteínas, nomeadamente das que não são muito abundantes. Oferece as seguintes vantagens específicas: a) as membranas húmidas são flexíveis e fáceis de manusear em comparação com os géis, b) as proteínas imobilizadas na membrana são facilmente acessíveis a diferentes ligandos, c) é necessária apenas uma pequena quantidade de reagentes para a análise de transferência, d) são possíveis várias réplicas de um gel, e) é possível o armazenamento prolongado dos motivos transferidos antes da sua utilização e f) a mesma transferência de proteínas pode ser utilizada para múltiplas análises sucessivas (Kost J, et al, 1994, Gershoni JM, 1988).

A imunoprecipitação de proteínas tem continuado a evoluir desde a sua criação e, atualmente, a comunidade científica depara-se com uma multiplicidade de meios e métodos de transferência de proteínas (Kurien BT e Scofield RH, 2006). No entanto, a sensibilidade da imunoprecipitação Western blot depende da eficiência da transferência, da retenção do antigénio durante o processamento e do sistema de deteção/amplificação final utilizado. Os resultados ficam comprometidos se houver deficiências em qualquer uma destas etapas (Karey KP, e Sirbasku DA, 1989).

5.4 Reação em cadeia da polimerase (PCR)

5.4.1 Definição da PCR

Trata-se de uma técnica genética que ocorre in vitro e que permite a síntese enzimática de grandes quantidades (amplificação) de uma região específica de ADN de forma exponencial. O ADN é sintetizado da mesma forma que in vivo (nas células) utilizando a ADN polimerase (enzimas que as células utilizam para replicar o seu ADN) (Mullis KB., 1990).

5.4.2 Princípio da PCR

A reação em cadeia da polimerase (PCR) é um método técnico poderoso e amplamente utilizado que melhorou muito a nossa capacidade de analisar genes. O ADN genómico presente nas células contém vários milhares de genes. Este facto dificulta o isolamento e a análise de qualquer gene individual (Metzker, M. L. & Caskey, C. T., 2009).

5.4.3 Componentes essenciais da reação (PCR)

5.4.3.1 Modelo de ADN

O modelo de ADN que contém a amostra de ADN genómico do doente pode ser utilizado na forma de cadeia simples ou dupla. Os modelos de ADN circular fechado são amplificados de forma ligeiramente menos eficiente do que os ADN lineares. A PCR requer apenas uma cópia da sequência alvo como modelo (Metzker, M. L. & Caskey, C. T., 2009).

5.4.3.2 Marcadores de oligonucleótidos

Um par de primers sintéticos, os oligonucleótidos devem ser curtos, de cadeia simples e complementares às cadeias opostas das regiões flanqueadoras do fragmento de interesse. As reacções padrão contêm 0,1 - 0,5 µM de cada iniciador, o que é suficiente para 30 ciclos de amplificação de um segmento de ADN de 1 kb. Concentrações mais elevadas de iniciadores favorecem uma fraca iniciação e podem conduzir a uma amplificação não específica. Os primers de oligonucleótidos sintetizados num sintetizador de ADN automatizado podem ser utilizados para o padrão de PCR (Metzker, M. L. & Caskey, C. T., 2009).

5.4.3.3 ADN polimerase termoestável

Uma polimerase de ADN termoestável, capaz de suportar temperaturas de desnaturação (94-95°C), é essencial para catalisar o modelo de síntese dependente de ADN. Inicialmente, foi utilizado o fragmento Klenow da pol I de Escherichia coli (Saiki et al., 1985). Esta enzima era inactivada à temperatura elevada necessária para a separação das duas cadeias de ADN e, por conseguinte, tinha de ser adicionada de novo após cada etapa de desnaturação. Este obstáculo foi ultrapassado com a introdução de uma polimerase de ADN termoestável, a Taq polimerase de ADN isolada da bactéria termofílica Thermus aquatics. Para uma reação padrão de 25-

50μl, são utilizadas 0,5-0,25 unidades de Taq polimerase (Metzker, M. L. & Caskey, C. T., 2009).

5.4.3.4 Trifosfatos de desoxinucleósidos (dNTP)

As PCRs contêm concentrações equimolares de...

a- dCTP, trifosfato de desoxicitidina

b- dTTP, trifosfato de desoxitimidina

c- dATP, trifosfato de desoxiadenosina

d- dGTP, trifosfato de desoxiguanosina (200-250 μM cada).

Estes dNTPs estão disponíveis comercialmente e são fornecidos como misturas sem pirofosfato. Os dNTPs devem ser armazenados a -200°C. Durante o armazenamento a longo prazo, pequenas quantidades de água evaporam-se e congelam nas paredes do frasco. Para minimizar a alteração da concentração, os frascos devem ser centrifugados antes da utilização (Metzker, M. L. & Caskey, C. T., 2009).

11-3-5 Catiões divalentes

Os catiões divalentes livres são necessários para a atividade das polimerases termoestáveis, sendo geralmente utilizado o Mg+2. O Mg+2 liga-se aos dNTPs e aos oligonucleótidos. A concentração molar do catião deve exceder a concentração molar dos grupos fosfato nos dNTPs e nos primers em conjunto. Por conseguinte, a concentração óptima de catiões deve ser calculada empiricamente para cada reação. É habitualmente utilizada uma concentração de 1,5 mM de Mg+2. Um excesso de Mg+2 conduzirá a uma acumulação de substâncias não específicas nos produtos de amplificação e uma insuficiência de Mg2+ reduzirá o rendimento (Rittié L, Perbal B., 2008).

5.4.3.5 Tampão para manter o pH

O pH da mistura de reação é ajustado para 8,3 - 8,8 à temperatura ambiente para o padrão PCR (Innis MA, Gelfand DH., 2012).

5.4.3.6 Catiões monovalentes

O KCl 50 mM é utilizado na PCR padrão para a amplificação de segmentos de ADN com mais de 500 pares de bases (Ruano G, Kidd KK., 1991).

5.4.3.7 Outros

Alguns investigadores referiram que a eficiência da reação é aumentada pela inclusão de 10% de dimetilsulfóxido (DMSO) no tampão da Taq polimerase (Frackman S, et al., 1998, Farell EM, Alexandre G., 2012).

5.4.4 Amplificação por Reação em Cadeia da Polimerase (PCR)

Um dos avanços técnicos mais importantes da biologia molecular foi a utilização de sondas ou iniciadores específicos e a aplicação do princípio da replicação do ADN para amplificar sequências e analisar fragmentos muito pequenos de ADN. Se conhecermos a sequência de nucleótidos de um gene, podemos produzir artificialmente oligonucleótidos específicos para essa sequência. Estes primers podem ser usados como ponto de partida para sintetizar uma cópia do gene usando uma enzima chamada DNA polimerase, também conhecida como Taq (de Thermus aquaticus, o microrganismo de onde é extraída) polimerase. Esta polimerase de ADN assemelha-se à polimerase fisiológica, responsável pela duplicação do ADN, mas é também termoestável, o que lhe confere uma vantagem prática.

A PCR é uma técnica de amplificação quase infinita de sequências de ADN, baseada no princípio da replicação. Tal como na replicação, existe a ação de uma ADN polimerase que duplica a sequência a partir de primers. As duas cadeias de ADN devem depois ser

artificialmente separadas pelo calor (enquanto que durante a replicação esta operação é realizada sob a ação de uma helicase).
A reação (fig. 78 e 79) decorre num pequeno (e barato) aparelho capaz de mudar rapidamente de temperatura, de 95°C, a temperatura que dissocia o ADN, para 55°C, a temperatura que permite a hibridação dos primers, e finalmente para 72°C, a temperatura que permite à polimerase ter a sua ação óptima. Os primers são cópias homólogas das extremidades da sequência a copiar, um é 5'-3', hibridiza com a extremidade 3' da cadeia não codificante e vai permitir a síntese de novo, com substratos radioactivos, da cadeia codificante, o outro é 3'-5'.
A PCR é utilizada para amplificar sequências de ADN esparsas ou, após transcrição reversa, sequências de ARN (RT-PCR).
A sequência de nucleótidos entre os primers será totalmente amplificada, com os dois primers a indicarem os limites do processo de cada lado (fig. 43). Esta possibilidade está na base do desenvolvimento da análise de microssatélites em genética, como veremos mais adiante (Bernard Swynghedauw e Jean-Sébastien Silvestre, 2008).

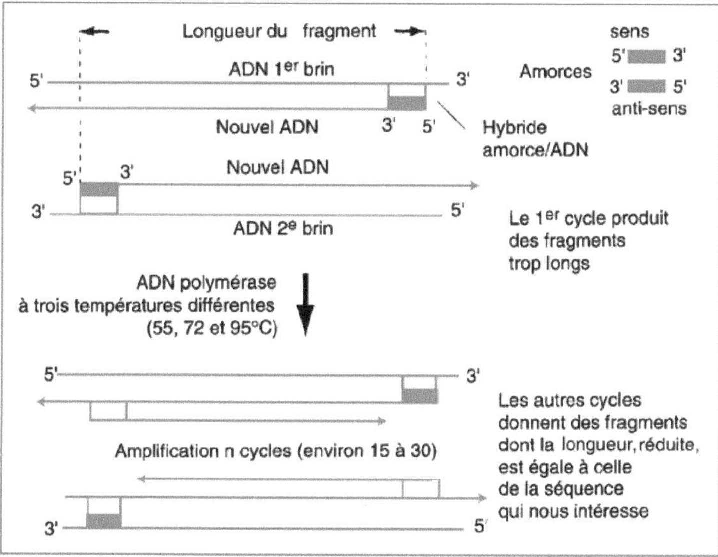

Figura 43 Princípio de uma PCR (Bernard Swynghedauw e Jean-Sébastien Silvestre,
A "Reação em Cadeia da Polimerase" é uma amplificação artificial in vitro que utiliza primers.
A estrutura dos primers define o comprimento da sequência a ser amplificada. Ao multiplicar os ciclos, podem ser amplificadas quantidades mínimas de ADN até se tornarem visíveis na eletroforese UV (Figura 44).

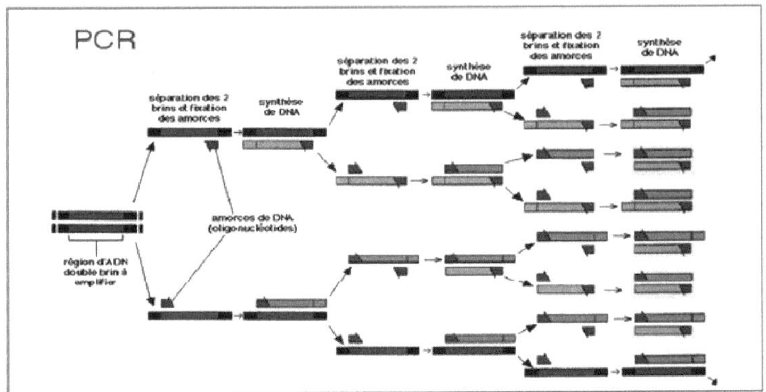

Fig. 44. PCR (reação em cadeia da polimerase) (C. Housset , A. Raisonnier, 2009 - 2010)

5.4.5 Tipos de PCR

Nos últimos anos, foram desenvolvidas modificações ou variantes do método básico de PCR para melhorar o desempenho e a especificidade e para obter a amplificação de outras moléculas de interesse para a investigação, como o ARN. Algumas destas variantes são : multiplex **a-PCR**, que amplifica simultaneamente várias sequências de ADN (geralmente sequências exónicas).

b-A PCR aninhada aumenta a especificidade do produto amplificado para uma segunda PCR com novos iniciadores que hibridizam com o fragmento amplificado na primeira PCR.

c-PCR semi-quantitativa, que fornece uma aproximação da quantidade relativa de ácidos nucleicos presentes numa amostra.

d-RT-PCR, que gera a amplificação do ARN através da síntese de cDNA (ADN complementar ao ARN), que é depois amplificado por PCR; e

e-PCR em tempo real que efectua a quantificação relativa das cópias de ácido nucleico obtidas por PCR (Mohammad Ehtisham ,et al., 2016).

5.4.6 Aplicações PCR

1. Deteção de agentes patogénicos utilizando pares de primers em amostras clínicas - Todos os organismos têm sequências de ADN (rDNA) que codificam o ARN ribossómico. Existem regiões no rDNA que variam entre géneros e espécies. Estas regiões variáveis são amplificadas e depois sequenciadas para determinar a identidade do organismo desconhecido.
2. Deteção de agentes patogénicos virais e outros microrganismos que persistem em níveis baixos nas células infectadas e que são difíceis de identificar por métodos de rotina. A tecnologia Quantitative Real-Time pode ser utilizada para detetar genomas virais como o VIH ou o HPV.
3. Diagnóstico de doenças genéticas como a fenilcetonúria, a hemofilia, a anemia falciforme e a talassemia.
4. Identificação de mutações genéticas, tais como deleções, inserções e mutações pontuais.
5. Rastreio de genes específicos para detetar mutações desconhecidas.
6. Identificação e análise de mutações no ADN eucariótico.
7. Polimorfismos genéticos.
8. Expressão dos genes
9. Medicina dentária forense (Lo YD., 1998)

5.4.7 CONCLUSÃO

A prova de ADN é também um instrumento poderoso que tem sido utilizado para provar finalmente a inocência de indivíduos anteriormente condenados. Esta técnica permite a amplificação específica in vitro de números muito pequenos de uma sequência de ADN relevante, em quantidades que permitem o seu estudo por técnicas de sequenciação convencionais. No entanto, os testes de utilização da PCR em análises forenses demonstraram amplamente que estas preocupações são exageradas, sendo que mesmo amostras degradadas dão resultados reprodutíveis e fiáveis (Mohammad Ehtisham, et al., 2016) .

Capítulo 4

Microscopia de luz e eletrónica

6.1 Introdução

A microscopia tem desempenhado um papel importante na determinação da atividade das células, desde a apreciação muito precoce de Van Leeuwenhoek (Ford 1989) de animais vivos com um simples microscópio, até aos pormenores dos acontecimentos celulares com uma variedade de sistemas de imagem sofisticados (Hell 2009). O desafio atual consiste em observar os acontecimentos vivos com uma resolução espacial e temporal cada vez maior. O desenvolvimento de numerosas abordagens de microscopia de luz transmitida, incluindo técnicas como o contraste de fase, o contraste de interferência diferencial (DIC) e a microscopia polarizada, melhoraram o contraste inerente dos espécimes vivos, tornando-os mais visíveis. No entanto, a introdução da microscopia de fluorescência, utilizando uma variedade de indicadores fluorescentes (a seguir designados "indicadores") que podem ser adaptados em termos de especificidade para alvos como proteínas, lípidos ou iões (Giepmans et al. 2006 ; Palmer e Tsien 2006) foi talvez o passo mais importante para nos permitir observar a fisiologia celular. De facto, parece não haver limites quando se trata de conceber indicadores inovadores utilizando abordagens moleculares. Mas, como todas as técnicas, a microscopia de fluorescência está sujeita a limitações físicas práticas, a mais importante das quais é a resolução (Hell 2003). Os microscópios ópticos podem ser classificados em subcategorias: campo claro, fluorescência, contraste de fase, fase quantitativa e outros, como os microscópios electrónicos de varrimento e de transmissão. Nas secções seguintes, serão dados mais pormenores sobre cada uma das modalidades microscópicas acima referidas (Andreas Maier, et al., 2018).

6.2 Tipos de microscópio ótico

6.2.1 Microscópio ótico de base

a-A luz propaga-se sob a forma de ondas através de cristas e vales.

b-A amplitude dos picos e depressões determina a luminosidade da luz.

c-O número de vezes que uma onda completa ocorre por unidade de tempo é designado por frequência e a distância entre dois picos consecutivos é designada por comprimento de onda (λ) da luz.

d-O comprimento de onda do microscópio ótico entre 400 e 700 nm constitui o espetro visível.

e-A região UV é constituída por comprimentos de onda que vão de 100 a 385 nm.

f-Visualizar qualquer objeto diretamente através do olho humano implica a incidência e a reflexão da luz no campo visual.

g-Microscópios utilizam a luz do dia ou a luz emitida por uma lâmpada incandescente (Sameer Sheshrao Gajghate, 2016-2017).

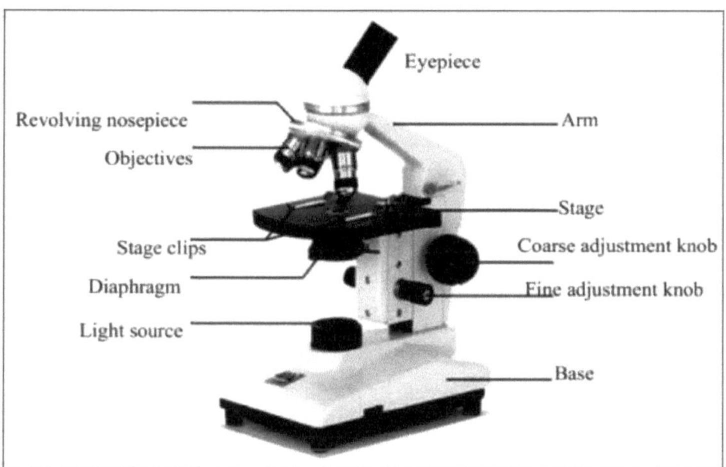

Fig. 45. Partes do microscópio ótico

6.2.2 MICROSCOPIA DE FLUORESCÊNCIA

A microscopia de fluorescência utiliza corantes fluorescentes (fluoróforos), que são moléculas que absorvem um comprimento de onda de luz (o comprimento de onda de excitação) e emitem um segundo comprimento de onda de luz mais longo (o comprimento de onda de emissão). A maioria das moléculas na célula não é muito fluorescente, pelo que os marcadores fluorescentes a visualizar são normalmente introduzidos pela. Isto permite que os marcadores sejam direcionados pelo experimentador para a(s) molécula(s) de interesse, quer através da codificação genética de uma proteína fluorescente, quer através da ligação a um anticorpo marcado com fluorescência. Várias moléculas fluorescentes diferentes podem ser distinguidas simultaneamente e detectadas em muito baixa abundância (podem ser visualizadas moléculas individuais), o que a torna uma técnica muito poderosa. A microscopia de fluorescência é geralmente efectuada utilizando a epifluorescência fig. 46, em que a luz de excitação da fluorescência ilumina a amostra através da mesma objetiva utilizada para detetar a emissão da amostra. Um cubo de filtro de fluorescência separa a luz por comprimento de onda para que a luz emitida possa ser visualizada sem interferência da luz de excitação (Murphy e Davidson, 2012). As duas principais técnicas de introdução de marcadores fluorescentes nas células são a imunofluorescência, em que são introduzidos anticorpos marcados com fluorescência que se ligam a proteínas específicas nas células, e a introdução genética de uma proteína fluorescente. Na imunofluorescência, as células são primeiro fixadas para reticular as proteínas na célula e depois permeabilizadas para permitir o acesso dos anticorpos ao meio celular. Geralmente, os anticorpos primários, que reconhecem as proteínas de interesse na célula, são introduzidos em primeiro lugar. Uma vez removidos os anticorpos não ligados, são adicionados anticorpos secundários marcados com fluorescência, que se ligam aos anticorpos primários. Esta técnica é conhecida como imunofluorescência indireta e facilita a substituição dos anticorpos primários, uma vez que não é necessário marcá-los, e os anticorpos secundários têm geralmente uma grande especificidade (por exemplo, um anticorpo secundário anti-rato de cabra que reconhece todas as imunoglobulinas G de rato). A introdução genética de uma proteína fluorescente envolve a fusão de uma proteína fluorescente com um alvo de interesse, que é então introduzido no genoma da célula ou expresso a partir de um plasmídeo. Isto permite a imagiologia de proteínas em células vivas e, se for feita por introdução genómica, significa que a proteína é expressa a partir do seu promotor endógeno ao seu nível endógeno. Para a imagiologia por imunofluorescência e fluorescência de proteínas, é fácil obter imagens a quatro cores numa célula. Os conjuntos de filtros com comprimentos de onda de excitação de 405, 488, 561 e 640 nm são os mais utilizados. Para a imunofluorescência, os corantes típicos utilizados são o corante nuclear 4',6-diamidino-2-fenilindole, os corantes verdes como o Alexa 488 ou a fluoresceína, os corantes vermelhos como o Cy3, a rodamina ou o Alexa 568 e os corantes vermelhos escuros como o Cy5 ou o Alexa 647. No caso das proteínas fluorescentes, podem ser utilizadas em conjunto a mTagBFP2, a proteína fluorescente verde melhorada, a mCherry/mRuby2/TagRFP-T e a proteína fluorescente infravermelha monomérica. Especialmente no canal de excitação de 640 nm, estão a ser desenvolvidas rapidamente novas proteínas fluorescentes e, num futuro próximo, poderão surgir melhores combinações; para revisões das proteínas fluorescentes, ver Day e Davidson (2009) e Dean e Palmer (2014) .

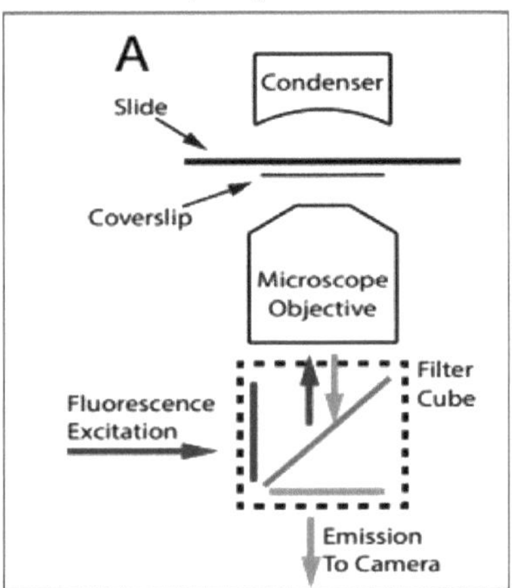

FIGURA 46: Desenhos esquemáticos de técnicas de microscopia comuns. (A) Um microscópio de epifluorescência invertido. A amostra é colocada entre a lâmina e a lamela. A lente condensadora fornece iluminação para visualizar a luz transmitida através da amostra; a lente objetiva recolhe a luz da amostra e fornece luz de excitação para a microscopia de fluorescência. O cubo de filtros é constituído por um filtro de excitação (azul), um filtro de emissão (verde) e um espelho dicroico (cinzento). Os filtros de excitação e de emissão selecionam, respetivamente, os comprimentos de onda que irão iluminar a amostra e ser registados na câmara, e o espelho dicroico reflecte a luz de excitação de volta para a amostra enquanto transmite a luz de emissão para a câmara. Um microscópio vertical tem as mesmas caraterísticas

6.2.2.1 As desvantagens da fluorescência

As sondas fluorescentes são de facto muito versáteis, mas sofrem de três desvantagens inerentes que devem ser tidas em conta durante qualquer experiência de imagiologia.

Em primeiro lugar, devido ao facto de serem auto-luminosas, as amostras fluorescentes e as preparações de lâminas que contêm células fluorescentes produzem uma imagem desfocada, a menos que a amostra seja fina ou que se esteja a observar uma monocamada de células coradas. As objectivas de grande ampliação (devido às suas grandes aberturas numéricas) têm uma profundidade de campo extremamente limitada, mas uma profundidade de focagem relativamente grande. A profundidade de campo é a profundidade axial do espaço em ambos os lados do plano do objeto dentro do qual o objeto pode ser movido sem qualquer perda detetável de nitidez na imagem, e dentro do qual as caraterísticas do objeto aparecem suficientemente nítidas na imagem enquanto a posição do plano da imagem é mantida. A profundidade de campo de uma objetiva de microscópio de NA elevado é tipicamente <1 μm (ver Quadro 7.5 em Sanderson , 2019). Com células e tecidos muito espessos, um sinal fluorescente que emana de fora da profundidade de campo da objetiva causará desfocagem na imagem. A chamada secção ótica é utilizada para remover a desfocagem ou impedir que esta contribua para a imagem (Sanderson, J. 2020).

A segunda desvantagem dos fluoróforos é o facto de descorarem. Isto é uma consequência da forma como os electrões se deslocam entre orbitais atómicos para dar um sinal fluorescente (Ishikawa -Ankerhold, Ankerhold e Drummen, 2012 ; Litchman e Conchello, 2005). O melhor método é montar as amostras coradas num meio de montagem anti-descoloração (Bogdanov , Kudryavtseva e Lukyanov, 2012 ; Collins , 2006 ; Florijn , Slats, Tanke e Raap, 1993 ; Longin , Souchier, Ffrench e Bryon, 1993). e minimizar a exposição à luz. Manter as preparações de lâminas e as amostras refrigeradas quando não estão a ser visualizadas. É fácil sobre-iluminar a amostra, quer com luz de alta energia em modo de campo largo, quer com lasers em modo confocal, ao focar a amostra, selecionar um campo de visão adequado ou configurar os parâmetros de imagiologia (Sanderson, J. 2020).

A terceira desvantagem das sondas fluorescentes surge quando duas ou mais são utilizadas em conjunto para corar diferentes alvos numa única amostra. Se os perfis espectrais de excitação e emissão dos fluoróforos forem próximos, em particular os perfis de emissão, pode ser detectado um sinal de emissão no canal do(s) outro(s) fluoróforo(s). Este fenómeno é conhecido como fuga, diafonia ou emissão cruzada (ver Sanderson, 2019, para uma análise destes termos). Para reduzir o risco de fuga, selecione (se possível) fluoróforos cujos perfis espectrais de emissão estejam amplamente separados. Para além disso, captar primeiro a imagem do fluoróforo de comprimento de onda mais longo e, em particular, captar os fluoróforos sequencialmente, um após o outro, em vez de simultaneamente. Para um procedimento passo a passo, consultar o Protocolo Básico 2: Como alinhar a lâmpada de fluorescência e configurar a iluminação Köhler para um microscópio de fluorescência de campo alargado (Sanderson, J. 2020).

6.2.3 Caraterísticas da microscopia de campo claro

Regra geral, a densidade e a espessura de uma amostra variam no espaço. Consequentemente, os pontos da amostra absorvem a luz de forma diferente, ou seja, a energia da luz depois de atravessar a amostra também varia no espaço. A figura 47 mostra esquematicamente como este facto pode ser utilizado numa configuração microscópica.

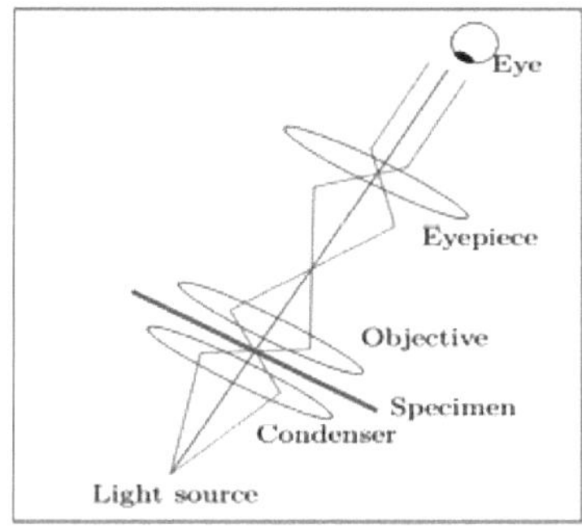

Fig. 47: Esquema de um campo luminoso

- fundo claro
- baixo contraste

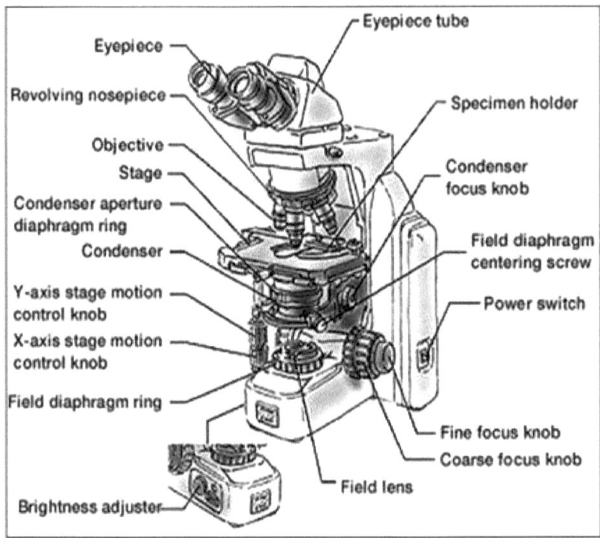

Fig. 48. Microscopia de contraste de fase [Gabriel Popescu, 2002]

O condensador apresentado na Figura 48 concentra a luz de uma fonte luminosa na amostra. A informação sobre a amostra é codificada na intensidade da onda de luz que atinge a lente. O fundo ou a parte da cena que não contém objectos densos tende a ser brilhante na imagem resultante. Esta impressão do observador deu o nome à técnica. A configuração de campo claro é a escolha número um quando a minimização dos custos ou as dificuldades de implementação são as principais preocupações. A Figura 49 apresenta um exemplo de uma imagem de células em campo claro (Firas Mualla, et al., 2018).

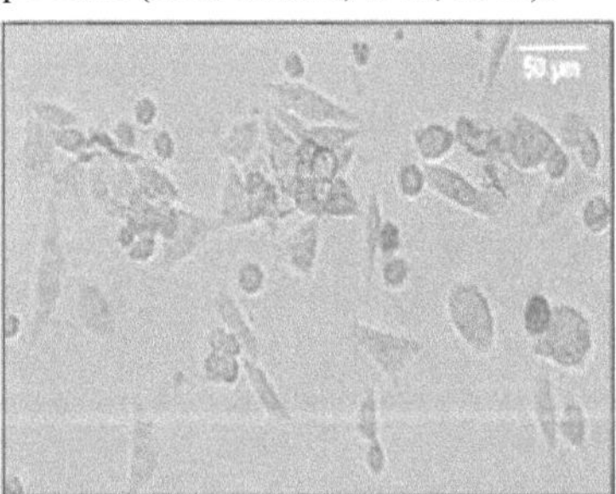

Figura 49: Uma imagem microscópica de uma cultura de células: A imagem foi adquirida utilizando um microscópio Nikon Eclipse TE2000U com uma objetiva de campo claro de ampliação 10× e NA = 0,3.

6.2.3.1 Microscopia de campo sombrio (fig. 50)

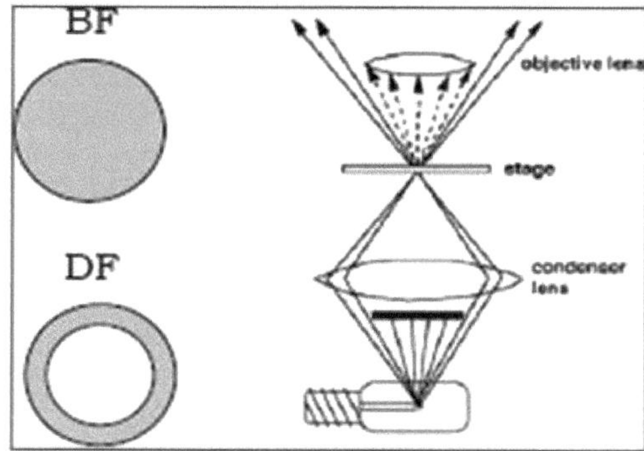

Fig. 50. Microscopia de campo escuro [http://www .geog.ucl.ac.uk/~jhope/lab/micro23.stm]

a-um disco opaco é colocado por baixo
b-a lente condensadora
c-luz difusa
d-fundo escuro
elevado contraste eletrónico (pormenores estruturais)

6.2.4 MICROSCOPIA CONFOCAL

Uma das principais limitações da microscopia de epifluorescência convencional é que a luz de iluminação excita os fluoróforos num cone em toda a amostra e a câmara de deteção não consegue distinguir esta luz desfocada da luz emitida a partir do plano focal da amostra. Como resultado, a informação focada que estamos a tentar captar é obscurecida por imagens desfocadas de regiões desfocadas da amostra. Para amostras não muito espessas e não muito densamente marcadas com fluoróforos, esta luz desfocada não constitui um grande problema. No entanto, para amostras espessas e densamente marcadas, ou nos casos em que se pretende obter imagens 3D bem resolvidas, esta luz desfocada pode ocultar informações valiosas. Foram desenvolvidas numerosas técnicas para eliminar esta luz desfocada. A mais utilizada é a microscopia confocal, em que a amostra é iluminada por um feixe de laser focado num único ponto do plano focal da amostra (Figura 51). A luz proveniente deste ponto é detectada depois de passar por um orifício, de modo a que apenas a luz emitida pelo plano focal passe através do orifício e seja registada no detetor. A luz dos planos desfocados é bloqueada pelo orifício, pelo que o confocal só regista a luz do plano focal da amostra. Os espelhos de varrimento são utilizados para fazer a rasterização do ponto laser na amostra, criando uma imagem ponto a ponto (Inoué, 2006; Stelzer, 2006).

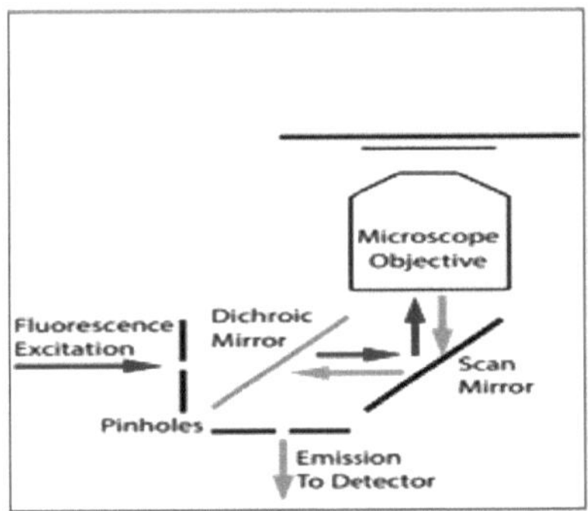

FIGURA 51: Desenhos esquemáticos do microscópios comuns. Um microscópio confocal. Os orifícios de excitação e emissão são colocados na amostra para definir um ponto iluminado na amostra e detetar a luz proveniente apenas desse ponto. As lentes que representam os orifícios na amostra foram omitidas por simplicidade. O espelho de varrimento percorre o ponto iluminado ao longo da amostra; uma vez que o espelho de varrimento se encontra tanto no percurso de excitação como no de emissão, a posição do ponto detectado na amostra é percorrida em paralelo com o ponto de excitação (Kurt Thorn, 2016).

Uma técnica relacionada é a microscopia de dois fotões (Helmchen e Denk, 2005), que é utilizada principalmente para obter imagens de amostras muito espessas (> 200 µm), pelo que não é habitualmente utilizada em biologia celular. Uma vez que os microscópios confocais de varrimento a laser registam uma imagem ponto a ponto, não utilizam câmaras, mas sim um detetor de pontos, que tende a ser menos sensível do que as câmaras. Para ultrapassar esta limitação, foram concebidos sistemas que permitem a varredura simultânea de vários pontos focais na amostra e a obtenção de imagens da emissão resultante numa câmara. O mais comum destes sistemas é o confocal de disco giratório, que utiliza um disco de orifícios que varre a amostra de modo a que uma rotação do disco varra cada ponto da amostra durante uma única exposição (Toomre e Pawley, 2006). Os microscópios confocais de disco giratório combinam facilidade de utilização, alta velocidade (até centenas de imagens por segundo) e alta sensibilidade, o que os torna amplamente utilizados em biologia celular. Para amostras com espessura superior a ~30 µm, rejeitam menos bem a luz desfocada do que um scanner confocal a laser, mas este facto não constitui uma limitação para a obtenção de imagens da maioria das células de culturas de tecidos. Pensa-se que a microscopia confocal de disco giratório respeita mais as células vivas do que a microscopia confocal de campo alargado ou de varrimento a laser, mas não existem provas definitivas. A microscopia confocal de disco giratório é amplamente utilizada para obter imagens da dinâmica de proteínas e organelos em células individuais, por exemplo, para obter imagens da herança mitocondrial em leveduras (Rafelski et al., 2012) ou para obter imagens da dinâmica de microtúbulos em células de mamíferos (Wittmann e WatermanStorer, 2005).

No microscópio confocal (Fig. 52), todas as estruturas desfocadas são removidas durante a formação da imagem.

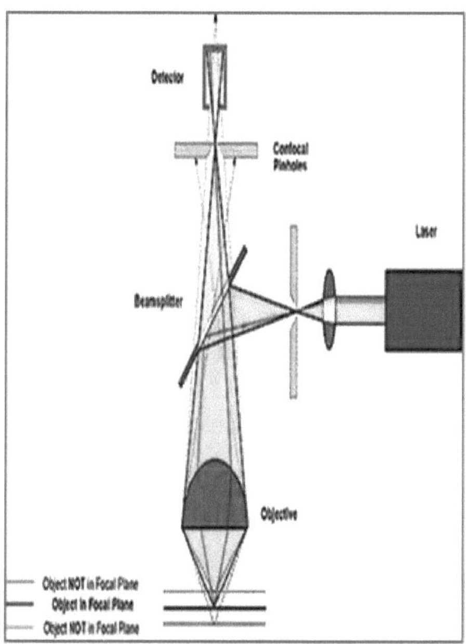

Fig. 52. Componentes do microscópio confocal [Philip D.

a- Isto é conseguido através de um arranjo de diafragmas que, em pontos opticamente conjugados na trajetória dos raios, actuam respetivamente como um ponto de origem e como um ponto de deteção.

b-Os raios desfocados são suprimidos pelo orifício de deteção.

c-Para além do comprimento de onda da luz, a profundidade do plano focal é determinada pela abertura da lente utilizada e pelo diâmetro do diafragma.

6.2.4.1 Principais melhorias oferecidas por um microscópio confocal

O desempenho de um microscópio convencional pode ser resumido da seguinte forma:

a-Os raios de luz provenientes de fora do plano focal não serão registados.

b-A desfocagem não cria desfocagem, mas corta progressivamente partes do objeto à medida que se afastam do plano focal.

c-Como resultado, estas partes tornam-se mais escuras e acabam por desaparecer. Esta caraterística é designada por seccionamento ótico.

d-Podem ser registados conjuntos de dados tridimensionais reais.

e-A digitalização do objeto na direção x/y, bem como na direção z (ao longo do eixo ótico) permite que os objectos sejam vistos de todos os lados.

f - Devido à pequena dimensão do ponto de luz que ilumina o plano focal, a luz difusa é minimizada.

g-Com o processamento de imagem, muitas fatias podem ser sobrepostas, dando uma imagem de foco estendido que só pode ser obtida com microscopia convencional, reduzindo a abertura e, portanto, sacrificando a resolução (Sameer Sheshrao Gajghate, 2016-2017) .

6.2.4.2 Vantagens e desvantagens do microscópio ótico

6.2.4.2.1 Vantagens

a-Imagem direta sem pré-tratamento da amostra, a única microscopia que permite uma verdadeira imagem a cores.

b-Rápido e adaptável a todos os tipos de sistemas de amostragem, desde sistemas de amostragem de gases a líquidos e sólidos, de qualquer forma ou geometria.

c-Fácil de integrar com sistemas de câmaras digitais para armazenamento e análise de dados.

6.2.4.2.2 Desvantagens

a-Baixa resolução, geralmente inferior a um mícron ou a algumas centenas de nanómetros, principalmente devido ao limite de difração da luz **(Sameer Sheshrao Gajghate, 2016-2017)**.

6.2.4.3 MICROSCOPIA DE FOLHA DE LUZ

Finalmente, uma revolução na microscopia ocorreu com o desenvolvimento dos microscópios de folha de luz (Weber e Huisken, 2011 ; Keller e Ahrens, 2015). Estes são microscópios que iluminam a amostra a partir de um plano ortogonal ao plano de imagem (Figura 53). Isto elimina o problema da luz desfocada porque apenas a luz do plano focal ou muito próxima dele é excitada. Esta iluminação selectiva também reduz a exposição total da amostra à luz, reduzindo assim a fotobranqueamento e a fototoxicidade. Se forem utilizadas objectivas idênticas para produzir a folha de luz e detetar a fluorescência, os seus papéis podem ser invertidos, com vistas ortogonais da amostra captadas através de ambas as objectivas. Estas imagens podem então ser fundidas para produzir uma imagem 3D da amostra com resolução isotrópica, eliminando a resolução Z mais fraca de outras formas de microscopia (Wu et al., 2013).

Em alternativa, pode ser utilizado um design ótico sofisticado para produzir microscópios capazes de captar imagens 3D de alta resolução a alta velocidade (Chen et al., 2014)

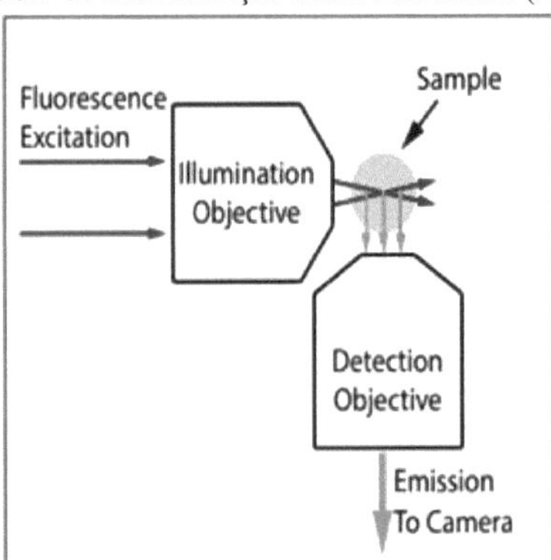

Fig. 53: Um microscópio de folha de luz. Uma objetiva de iluminação, juntamente com ópticas adicionais (não mostradas), são utilizadas para formar uma fina folha de luz que ilumina a amostra. Uma objetiva de deteção capta a luz emitida por esta folha para uma câmara (Kurt Thorn, 2016).

6.3 Microscopia eletrónica

a Os microscópios electrónicos são instrumentos científicos que utilizam um feixe de energia para examinar objectos a uma escala muito fina.

b-Os microscópios de electrões utilizam um feixe de electrões em vez de luz c-O objeto não pode ser percebido diretamente pelos nossos olhos.

e-A imagem produzida pelos microscópios electrónicos é percebida por placas CRT ou de raios X.

f- Os microscópios electrónicos foram desenvolvidos devido às limitações dos microscópios ópticos, que são restringidos pela física da luz.

g- No início dos anos 30, este limite teórico tinha sido atingido e havia um desejo científico de ver os mais ínfimos pormenores da estrutura interna das células orgânicas (núcleo, mitocôndrias, etc.).

h- Isto exigiu um aumento da ampliação de 10 000 vezes, o que não era possível com os microscópios ópticos existentes (**Sameer Sheshrao Gajghate, 2016-2017**).

6.3.1 Resumo dos componentes do microscópio eletrónico

6.3.1.1 A coluna ótica eletrónica é constituída por :

a- Uma fonte de electrões para produzir electrões

b- Lentes magnéticas para o engrossamento do feixe

c- Bobinas magnéticas para controlar e modificar o feixe

d- Uma abertura para definir o feixe, evitar a dispersão dos electrões, etc.

6.3.1.2 Os sistemas de vácuo são constituídos por :

a- Uma câmara para manter o vácuo, bombas para produzir o vácuo

b- Válvulas para controlar o vácuo, manómetros para controlar o vácuo

6.3.1.3 A deteção e visualização de sinais consiste em :

a- Detectores que recolhem o sinal

b- Componentes electrónicos que produzem uma imagem a partir do sinal.

6.3.2 Diferentes tipos de microscópio eletrónico

6.3.2.1 Microscopia eletrónica de varrimento (SEM) :

Esta técnica baseada na microscopia eletrónica determina o tamanho, a forma e a morfologia da superfície com visualização direta das nanopartículas. A microscopia eletrónica de varrimento oferece, portanto, várias vantagens em termos de análise morfológica e dimensional. No entanto, fornece informações limitadas sobre a distribuição real do tamanho e a média da população. Durante o processo de caraterização SEM, a solução de nanopartículas deve ser inicialmente convertida num pó seco. Este pó seco é então montado num suporte de amostra e revestido com um metal condutor (por exemplo, ouro) utilizando um revestimento por pulverização catódica. A amostra inteira é então varrida com um feixe de electrões finamente focado. Os electrões secundários emitidos pela superfície da amostra determinam as caraterísticas da superfície da amostra. Este feixe de electrões pode frequentemente danificar o polímero das nanopartículas, que tem de resistir ao vácuo.

O tamanho médio avaliado por SEM é comparável aos resultados obtidos por dispersão dinâmica da luz. Além disso, estas técnicas são demoradas, dispendiosas e requerem frequentemente informações adicionais sobre a distribuição do tamanho (Ahmed Naji Al-Jamal, 2020).

a-Proporciona uma combinação valiosa de imagens de alta resolução, análise elementar e, recentemente, análise cristalográfica.

b-O microscópio eletrónico de varrimento é utilizado para inspecionar a topografia de espécimes com ampliações muito elevadas.

As ampliações do c-SEM podem ir até mais de 300.000 X, mas a maioria das aplicações de fabrico de semicondutores requerem ampliações inferiores a 3.000 X apenas.

d-É frequentemente utilizado para analisar fissuras e superfícies de fratura em matrizes/casos, falhas de ligação e defeitos físicos na superfície da matriz ou do caso.

e-Identificar compostos cristalinos e determinar as orientações cristalográficas de caraterísticas microestruturais tão pequenas como 1 μm (capacidade recentemente desenvolvida - atualmente pouco utilizada, mas que provavelmente passará a sê-lo) (**Sameer Sheshrao Gajghate, 2016-2017**).

6.3.2.1.1 Princípio de funcionamento do microscópio eletrónico de varrimento

A-Os principais componentes de um MEV típico são a coluna de electrões, o sistema de varrimento, o(s) detetor(es), o visor, o sistema de vácuo e os controlos electrónicos indicados na figura 54.

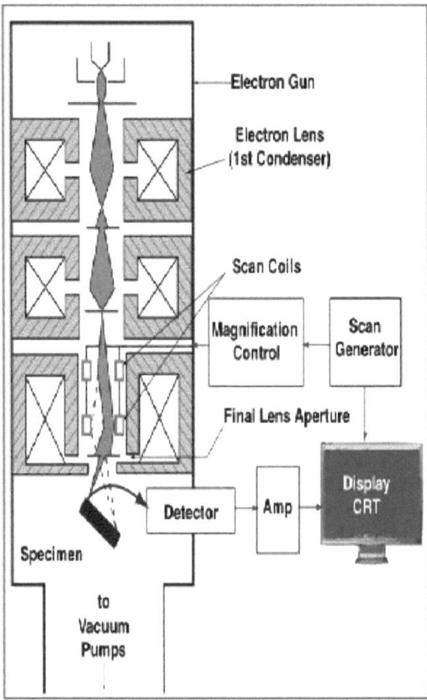

Fig. 54. Princípio de funcionamento do MEV [M.T. Postek, et al., 1980].

B - A coluna de electrões é constituída por um canhão de electrões e duas ou mais lentes electromagnéticas que funcionam no vácuo.

C-O canhão de electrões gera electrões livres e acelera-os para energias entre 1 e 40 keV no SEM.

D-O objetivo das lentes electrónicas é criar uma pequena sonda eletrónica focada na amostra. A maioria dos SEMs pode gerar um feixe de electrões na superfície da amostra com um tamanho de ponto inferior a 10 nm.

O tamanho da amostra F-Max. pode ser utilizado até 2,5 X 10 -7 nm.

G-Para produzir imagens, o feixe de electrões é focado numa sonda fina.

O H-It é digitalizado em toda a superfície da amostra utilizando bobinas de digitalização (Fig. 54).

I-Com a tension atensão de aceleração, a penetração do feixe de electrões émaior e o volume de interaçãoé maior.

j-Como resultado, a resolução espacial dasmicrografias criadas a partir destes sinais será reduzida.

k-Existirá, portanto, uma imagem mais brilhante porque o númerode electrões retrodifundidos (BSE) aumentará, mas a resolução será pior.

L-Para a obtenção de imagens de electrões secundários (SE) a tensões típicas (digamos 15 keV), os SEB podem penetrar no detetor de electrões secundários e degradar a resolução porque têm origem no interior da amostra.

M-As interações complexas dos electrões do feixe com os átomos da amostra produzem uma grande variedade de radiações.

Neste caso, são necessários conhecimentos de ótica eletrónica, interações feixe-amostra, processos de deteção e visualização para uma utilização bem sucedida da potência do MEV (**Sameer Sheshrao Gajghate, 2016-2017**).

6.3.2.1.2 Componentes do SEM

6.3.2.1.2.1 Coluna de electrões

A - A coluna de electrões é o local onde o feixe de electrões é gerado no vácuo (Fig. 55).

B-Focada num pequeno diâmetro, é varrida sobre a superfície de uma amostra por bobinas de deflexão electromagnética.

C-A parte inferior da coluna é designada por câmara de amostragem.

D-O detetor de electrões secundários está situado por cima da platina, no interior da câmara de amostras.

E-As amostras são montadas e fixadas na plataforma, que é controlada por um goniómetro.

F-Os controlos manuais da plataforma estão localizados na câmara de amostras e permitem o movimento x-y-z, a rotação de 360° e a inclinação de 90° (Fig. 55).

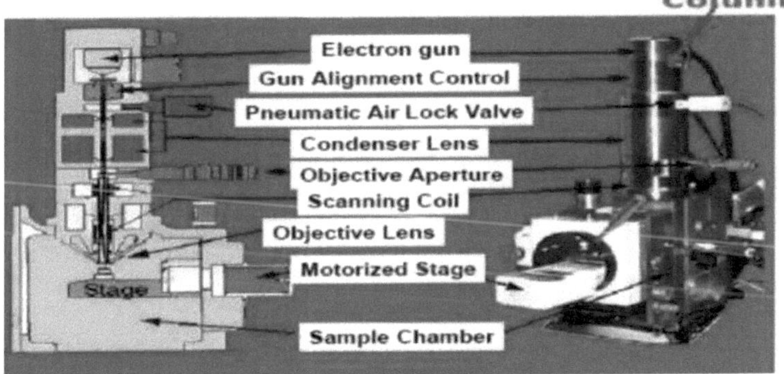

Fig. 55. Coluna SEM [Doug, Holly & Oleg, "SEM Microscope"].

6.3.2.1.2.2 Canhão de electrões :

a-Está localizado na parte superior da coluna.

b-Os electrões livres são gerados por emissão termiónica de um filamento de tungsténio a ~2700K.

c-O filamento está localizado no interior do Wehnelt, que controla o número de electrões que saem do canhão.

Os d-Electrões são principalmente acelerados em direção a um ânodo que pode ser ajustado de 200 V a 30 kV (1 kV = 1.000 V).

6.3.2.1.2.3 Lentes de condensadores :

a-Uma vez que o feixe tenha passado pelo ânodo, é influenciado por duas lentes de condensação que fazem o feixe convergir e passar por um ponto focal.
b-O feixe de electrões é essencialmente focado até 1.000 vezes o seu tamanho original.
c-É responsável pela determinação da intensidade do feixe de electrões quando este incide sobre a amostra [MT. Postek et al., 1980].

6.3.2.1.2.4 Aberturas :

a-Dependendo do microscópio, podem ser encontradas uma ou mais aberturas.
b-A função das aberturas é reduzir e excluir os electrões estranhos nas lentes.
c-A abertura final da lente por baixo das bobinas de varrimento determina o diâmetro.
Ou o tamanho do ponto do feixe na amostra.
d - Este fator determinará parcialmente a resolução e a profundidade de campo.
e-Diminuir o tamanho do ponto aumentará a resolução e a profundidade de campo com uma perda de luminosidade [MT. Postek et al., 1980].

6.3.2.1.2.5 Sistema de controlo :

a-As imagens são formadas pelo traçado do feixe de electrões através da amostra, utilizando bobinas de deflexão no interior da objetiva.
b-O estigmador ou corretor de astigmatismo está localizado na lente.
c-Utilização de um campo magnético para reduzir as aberrações do feixe de electrões.
d-A viga deve ter uma secção transversal circular quando incide sobre o provete [MT. Postek et al., 1980, IM Watt, 1985].
e-Contraste com a dependência angular predominante do rendimento dos electrões secundários e dos efeitos de borda.

6.3.2.1.2.6 Câmara de amostras :

a-O nível de amostragem e os controlos estão localizados na parte inferior da coluna.
b-Os electrões secundários da amostra são atraídos para o detetor por uma carga positiva.

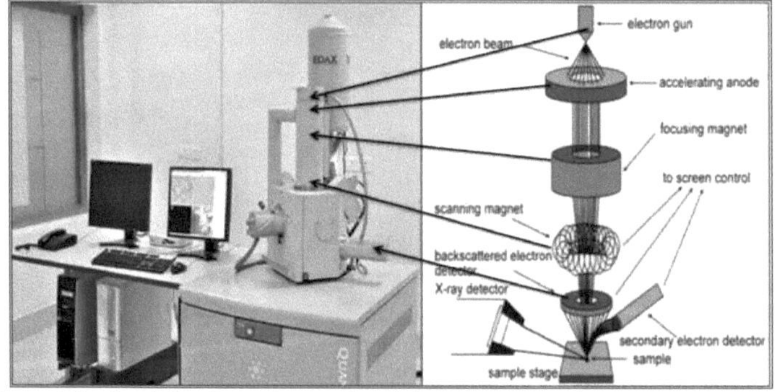

Fig 56: **Microscópio eletrónico de varrimento** (SEM) (M. Kannan, 2018).

6.3.2.1.2.7 Sistema de vácuo

-5a-Para obter um feixe de electrões controlado, a coluna deve ser evacuada à uma pressão de, pelo menos, 5x10 Torr
b-A pressão de vácuo elevada é necessária por várias razões.
c-Em primeiro lugar, a corrente que atravessa o filamento atinge temperaturas de cerca de

2700 K [CE Lyman, 1990].

d-Um filamento oxida-se e arde na presença de ar à pressão atmosférica.

e-Segundo, para funcionar corretamente, a ótica da coluna necessita de um ambiente bastante limpo e sem pó.

f-Em terceiro lugar, as partículas de ar e as poeiras no interior da coluna podem interferir e bloquear os electrões [MT. Postek et al., 1980].

- Para assegurar uma pressão de vácuo adequada no interior da coluna, existe normalmente um sistema de vácuo constituído por duas ou mais bombas.

6.3.2.1.2.8 Interações feixe de electrões-amostra

- Para obter resoluções mais elevadas, é necessária uma fonte de electrões em vez de luz como fonte de iluminação.
- que permite resoluções de cerca de 25 Angstroms.
- Não só a utilização de electrões proporciona uma melhor resolução, como também, devido à natureza das interações entre as amostras e os feixes de electrões, existe uma variedade de sinais.
- que pode ser utilizada para fornecer informações sobre as caraterísticas superficiais e próximas da superfície de uma amostra (M.T. Postek, et al., 1980).

Tabela 2: Preparação da amostra para SEM (M. Kannan, 2018).

Etapa	Química	Temperatura	Tempo	Repetições
Fixação primária	2,5% de glutaraldeído em água destilada	Ambiente ou 0-4°C	2-4 horas ou no micro-ondas	1
Lavagem	água destilada	Ambiente ou 0-4°C	30 minutos	3-5
Secundários	1 a 4% de tetróxido de ósmio em água destilada	Ambiente ou 0-4°C	2-4 horas	1
Lavagem	água destilada	Ambiente ou 0-4°C	30 minutos	3-5
Desidratação	25% de etanol	Ambiente ou 0-4°C	20 minutos	1
	50% de etanol		20 minutos	1
	70-75% de etanol		20 minutos	1
	90-95% de etanol		20 minutos	1
	100% etanol		30 minutos	2

6.3.2.1.2.9 O ponto crítico seco

Montar num suporte de amostra com pasta de prata ou grafite

Pulverização da amostra biológica com uma liga de ouro/paládio para a tornar condutora

Armazenar os calcanhares num exsicador e visualizar a superfície exterior com SEM (M. Kannan, 2018).

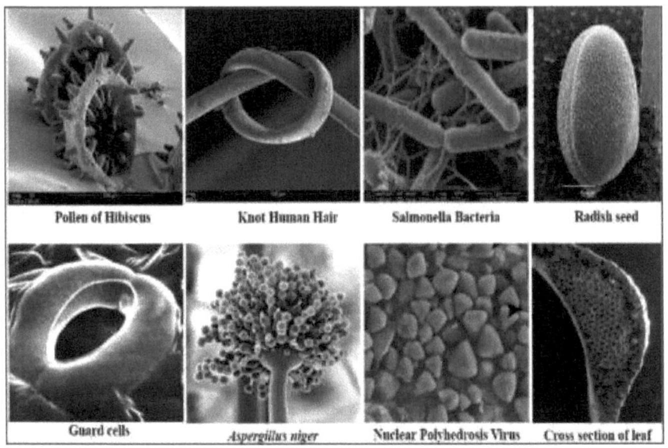

Fig 57: Micrografias de microscopia eletrónica de varrimento (SEM) (M. Kannan, 2018).

6.3.2.1.2.10 Aplicações da microscopia eletrónica de varrimento

a-Topografia: As caraterísticas da superfície de um objeto ou "o seu aspeto", a sua textura; relação direta entre estas caraterísticas e as propriedades dos materiais (dureza, refletividade, etc.).

b-Morfologia: Forma e tamanho das partículas que compõem o objeto; relação direta entre estas estruturas e as propriedades dos materiais (ductilidade, resistência, reatividade, etc.).

c-Composição: os elementos e compostos que constituem o objeto e as suas quantidades relativas; relação direta entre a composição e as propriedades do material (ponto de fusão, reatividade, dureza, etc.).

d-Informação cristalográfica: Como os átomos estão dispostos no objeto; relação direta entre estes arranjos e as propriedades dos materiais (condutividade, propriedades eléctricas, resistência, etc.).

6.3.2.1.2.11 Vantagens do MEV

- Fornece imagens 3D e topográficas pormenorizadas, bem como informações versáteis recolhidas a partir de uma variedade de sensores.
- Este instrumento funciona muito rapidamente.
- Os SEM modernos permitem a geração de dados em formato digital.
- A maioria das amostras SEM requer uma preparação mínima.

6.3.2.1.2.12 Desvantagens do SEM

- O SEM é caro e volumoso.
- É necessária uma formação especial para operar um SEM.
- A preparação das amostras pode dar origem a artefactos.
- O SEM está limitado a amostras sólidas.
- O SEM acarreta um pequeno risco de exposição à radiação associado à dispersão de electrões abaixo da superfície da amostra **(M. Kannan, 2018).**

6.3.2.2 Microscopia eletrónica de transmissão (TEM) :

A microscopia eletrónica de transmissão (TEM) é a forma original da microscopia eletrónica e é análoga ao microscópio ótico. Pode atingir uma resolução de cerca de 0,1 nm, mil vezes melhor do que a microscopia ótica. O feixe de electrões atravessa a amostra e analisa a estrutura interna da amostra sob a forma de imagens. O eletrão tem uma baixa capacidade de penetração e é absorvido na amostra espessa. [à 10]Por conseguinte, a espessura da amostra não deve exceder algumas centenas de angstroms (um angtron = 10 m). No entanto, por vezes são utilizadas amostras ligeiramente mais espessas no microscópio eletrónico de alta tensão (M. Kannan, 2018) .

6.3.2.2.1 Componentes de instrumentos (Sameer Sheshrao Gajghate, 2016-2017, M. Kannan, 2018, Sehasree Mohanta, 2021)

-Pistola de electrões

-Sistema de condensador (lentes e aberturas para controlar a iluminação da amostra)

-Montagem da câmara de amostras

-Sistema de lentes objectivas

A. lente de imagem - limita a resolução ;

B. Abertura - controla as condições de imagem

-Sistema de lentes de projeção (amplia a imagem ou o padrão de difração no ecrã final)

-Sistema de tradução de imagens (ecrã fluorescente e unidade fotográfica digital)

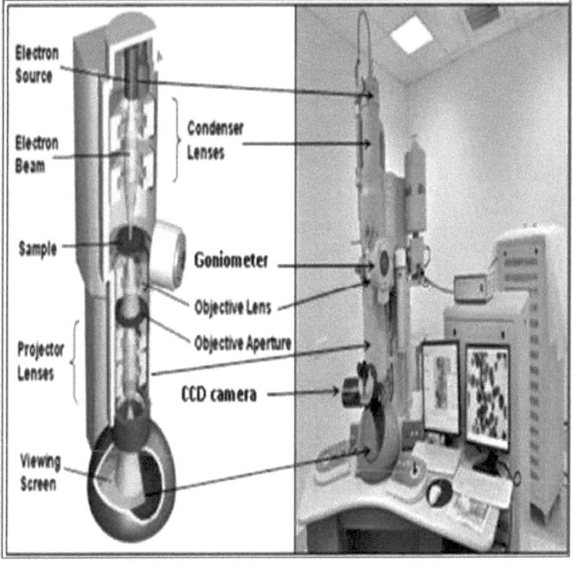

FIGURA 58: **Componentes de microscopia eletrónica de transmissão (M. Kannan, 2018)**

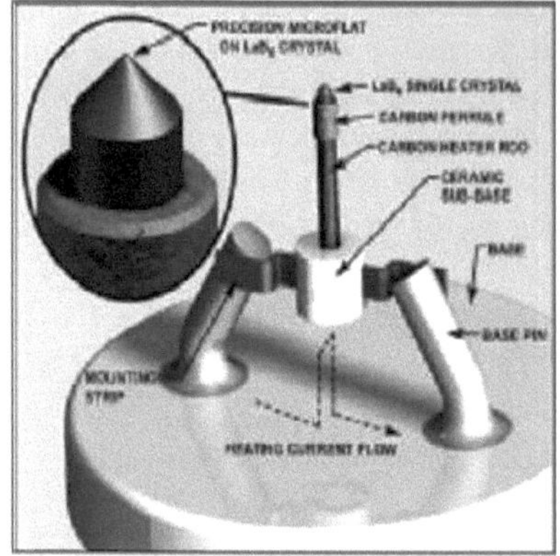

Fig 59: Fonte de apagador eletrónico LB 6 (**M. Kannan, 2018**).
Fig. 60: Lente electromagnética (**M. Kannan, 2018**).

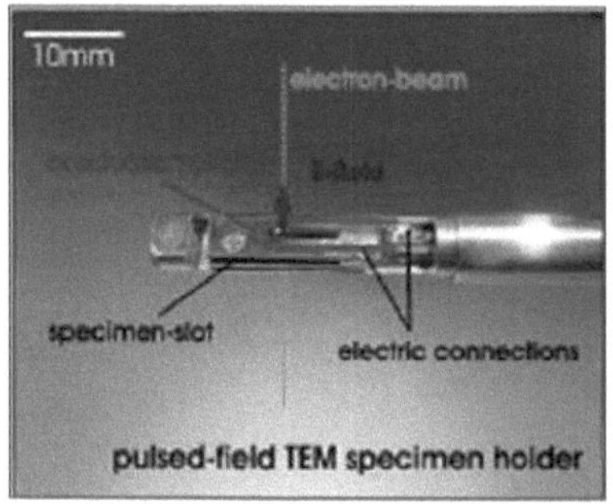

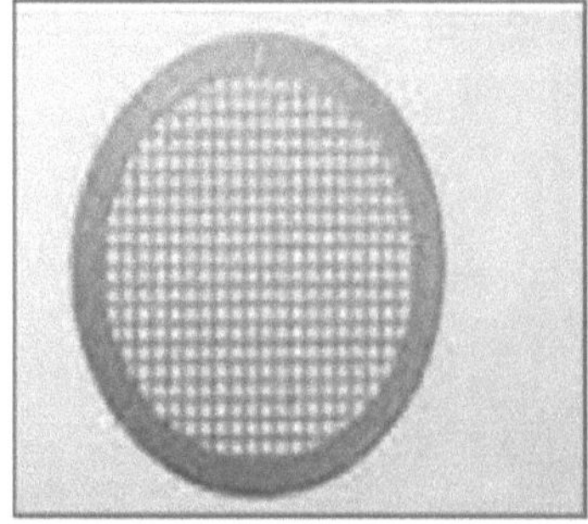

Fig 61: Suporte de amostras TEM (**M. Kannan, 2018**).
Fig. 62: Malha de cobre em grelha TEM (**M. Kannan, 2018**).

6.3.2.2.2 Princípios de funcionamento

O TEM envolve um feixe de electrões de alta tensão emitido por um filamento de tungsténio (cátodo) por aquecimento elétrico; o feixe de electrões é atraído para um ânodo (lente magnética) e passa através de uma abertura. O feixe passa através da abertura e, em seguida, atravessa um condensador eletromagnético, uma objetiva, uma lente intermédia e uma lente de projeção. O feixe de electrões focalizado é transmitido através de uma amostra muito fina (50 nm de dimensão, semi-transparente aos electrões e que contém informações sobre a estrutura da amostra) carregada numa grelha inserida no percurso e manipulada por um goniómetro. A parte absorvida do feixe é dispersa e transmitida através da abertura da objetiva e projectada pela objetiva do projetor, após correção por lentes intermédias, no ecrã de fluorescência. A imagem é observada por meio de binóculos ópticos fixados na janela de visualização. A variação espacial da "imagem" é em seguida ampliada por uma série de lentes magnéticas até ser registada, atingindo um ecrã fluorescente ou um sensor sensível à luz, como uma câmara CCD (charge-coupled device) montada na parte lateral ou inferior da placa fotográfica. A dispersão de electrões TEM, e não as diferenças de absorvância, produz o contraste na imagem. A dispersão resulta de uma interação entre os átomos da amostra e os electrões do feixe de luz. As nuvens de electrões com carga negativa em torno dos núcleos atómicos dispersam os electrões, repelindo-os. Estes efeitos aumentam à medida que os electrões se aproximam dos átomos da amostra. Os núcleos de maior número atómico, como nos átomos de metais pesados, como o chumbo e o urânio, provocam uma maior dispersão. Os microscópios electrónicos de transmissão produzem imagens bidimensionais a preto e branco. Os microscópios electrónicos de transmissão podem resolver facilmente estruturas como ribossomas, microtúbulos, microfilamentos e moléculas grandes como as proteínas. Mesmo imagens de átomos individuais de metais pesados foram produzidas em condições de funcionamento.

Especial (**M. Kannan, 2018**).

6.3.2.2.3 Técnicas de preparação de amostras biológicas para TEM (Dr. M. Kannan, 2018).

a-Isolação de tecidos

b-Fixação com glutaraldeído, OsO4 e, ocasionalmente, KMnO4

c-Encaixado em resina plástica

d-Ultramicrotomia

e-Pós-coloração de secções finas

f-Fotografia

Quadro 4: Preparação da amostra

PASSO	Química	Temperatura	Tempo	Ensaios
Primário de fixação	2,5% de glutaraldeído em tampão	ambiente ou 0-4°C	2 a 4 horas ou no micro-ondas	1
Lavagem	Tampão	ambiente ou 0-4°C	30 minutos	3-5
Secundários	Tetróxido de ósmio a 1-4% em tampão	ambiente ou 0-4°C	2-4 horas	1
Lavagem	tampão ou água destilada	ambiente ou 0-4°C	30 minutos	3-5
em bloco (facultativo)***	0,5% de acetato de uranilo	0-4°C	durante a noite	1
Lavar depois coloração *em bloco*	água destilada	Ambiente ou 0-4°C	10-15 minutos	2
Desidratação	25% de etanol 50% de etanol 70-75% de etanol 90-95% de etanol Solvente de transição de etanol a 100% se a resina de montagem não for miscível com etanol	Ambiente ou 0-4°C	20 minutos 20 minutos 20 minutos 20 minutos 30 minutos	1 1 1 1 2
Infiltração	1 parte de resina/2 partes de solvente 1 parte de resina/1 parte	Ambiente Ambiente Ambiente	1 hora - toda a noite 1 hora - toda a	1 1 1

	de solvente (opcional) 2 partes de resina/1 parte de solvente 100% de resina	Ambiente	noite 1 hora - toda a noite 1 hora	1
Integração	Colocar em resina a 100% num recipiente adequado	1	1	11
Desgaseificação (opcional)	Colocar num exsicador a vácuo ou num forno a vácuo	Ambiente - 60°C	3-30 minutos	
Polimerização	Colocar num exsicador a vácuo ou num forno a vácuo	60-70°C	> 8 horas	
Ultramicrotomia	Corte da cápsula Fabrico de facas de vidro Seccionamento - Secções espessas (tamanho 500 nm) - microscopia ótica - Secções finas (tamanho 50 nm) - TEM Secções para coloração - Secções espessas - Microscopia de luz com coloração de azul de toluidina - Secções finas (tamanho 50 nm) - Coloração negativa com ácido fosfotúngstico (PTA) a 1-2% ou acetato de uranilo ou amostras de bactérias, vírus, bacteriófagos e fragmentos de células Fotografia -			
	Captura de imagens de uma secção fina			

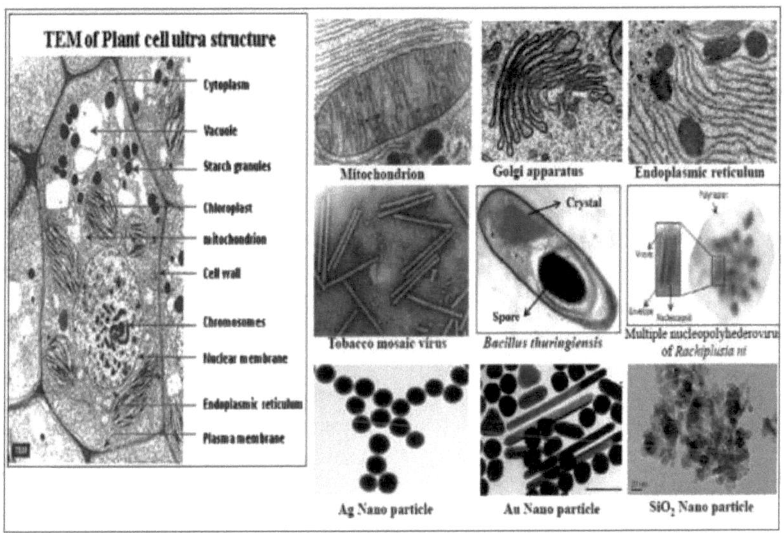

Fig 63: Micrografia TEM de organelos de células vegetais **(M. Kannan, 2018)**

6.3.2.4 Aplicação do TEM (M. Kannan, 2018, Ahmed Naji Al-Jamal, 2020, Sehasree Mohanta, 2021):

a-O microscópio eletrónico de transmissão é ideal para uma série de domínios diferentes, incluindo as ciências da vida, a nanotecnologia, a investigação médica, biológica e de materiais, a análise forense, a gemologia e a metalurgia, bem como a indústria e o ensino.

b-METs fornecem informações topográficas, morfológicas, composicionais e cristalinas.

As c-Images permitem aos investigadores visualizar amostras a nível molecular, possibilitando a análise da estrutura e da textura.

d-Esta informação é útil no estudo de cristais e metais, mas também tem aplicações industriais.

Os e-TEMs podem ser utilizados na análise e produção de semicondutores, bem como no fabrico de chips de computador e silício.

f-As empresas de tecnologia estão a utilizar o TEM para identificar defeitos, fracturas e danos em objectos de dimensão micrométrica; estes dados podem ajudar a resolver problemas e/ou a criar um produto mais durável e eficiente.

g-Colégios e universidades podem utilizar o MMT para investigação e estudos.

h- Embora os microscópios electrónicos exijam formação especializada, os estudantes podem ajudar os professores e aprender técnicas de TEM.

I-Os alunos terão a oportunidade de observar um mundo à nanoescala com uma profundidade e um pormenor incríveis.

6.3.2.2.5 Vantagens e desvantagens do TEM (M. Kannan, 2018, Ahmed Naji Al-Jamal, 2020).

6.3.2.2.5.1 Vantagens

a- Os TEMs oferecem a ampliação mais poderosa, potencialmente mais de um milhão de vezes ou mais

Os b-TEMs têm uma vasta gama de aplicações e podem ser utilizados numa variedade de domínios científicos, educativos e industriais.

c-METs fornecem informações sobre a estrutura de elementos e compostos

d-As imagens são de alta qualidade e pormenorizadas

Os e-TEMs são capazes de fornecer informações sobre as caraterísticas da superfície, forma, tamanho e estrutura.

f-São fáceis de utilizar com a formação adequada

6.3.2.2.5.2 Desvantagens

a-Algumas das desvantagens dos microscópios electrónicos incluem:

Os b-MEMT são volumosos e muito caros

c-Preparação laboriosa da amostra

d-Potenciais artefactos resultantes da preparação da amostra

O processamento e análise electrónicos requerem formação específica

f-As amostras são limitadas àquelas que são transparentes aos electrões, capazes de tolerar a câmara de vácuo e suficientemente pequenas para caberem na câmara.

g-EMTs requerem alojamento e manutenção especiais

h-As imagens são a preto e branco

I-Os microscópios electrónicos são sensíveis a vibrações e campos electromagnéticos e devem ser colocados numa área que os isole de uma possível exposição.

g-Um microscópio eletrónico de transmissão exige uma manutenção constante, nomeadamente a manutenção da tensão, das correntes das bobinas electromagnéticas e da água de arrefecimento.

6.3.2.2.6 Comparação entre microscópios

Ao contrário do TEM e do microscópio ótico, a imagem SEM não é formada por uma lente objetiva. A imagem é formada sequencialmente através do varrimento da superfície da amostra com um feixe de electrões.

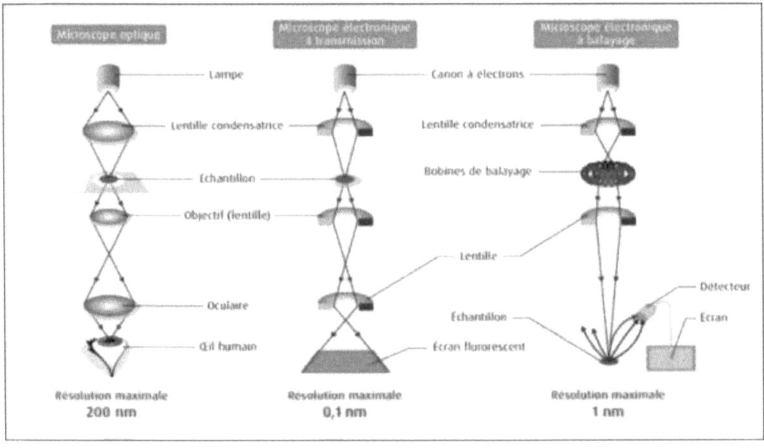

Fig. 64: Comparação entre microscópios

Quadro 1: Diferença entre o microscópio de luz e o microscópio eletrónico (M. Kannan, 2018).

Sl. Não.	Funcionalidade	Microscópio ótico	Microscópio

			eletrónico
1	Espectro eletromagnético	Luz visível, 400700 nm Cores visíveis	Electrões, aplicação. Monocromos de 4 nm
2	Resolução máxima Potência	aplicação. 200 nm	0,5 nm com pormenores muito finos
3	Ampliação máxima	x1000 tox1500	x500000
4	Fonte de radiação	Lâmpada de halogéneo de tungsténio ou de quartzo	Lâmpada de tungsténio de alta tensão (50kV), hexaboreto de lantânio
5	Lentes	Vidro	Eletromagnético
6	Interior	Cheio de ar	Vácuo
7	Ecrã de focagem	cabelo humano (rètine), película fotográfica	Ecrã fluorescente (TV), Película fotográfica
8	Preparação de espécimes	Suportes temporários vivos ou mortos	Os tecidos devem estar desidratados = mortos
9	Montagem	Álcool	OsO 4 ou KMnO 4
Dez	Ambiente de integração	Cera	Resina
11	Seccionamento do espécime	Secção à mão ou em micrótomo < 20 µm de corte Células inteiras visíveis	Seccionamento em ultramicrótomo Fatias < 50 nm Partes visíveis das células
12	Cor	Corantes solúveis em água	Metais pesados
13	Tomada a cargo da amostra	Lâmina de vidro	Grelha de cobre

Quadro 5: Diferença entre TEM e SEM

Sl. Não.	**Funcionalidade**	**TEM**	**MEB**
1.	Um feixe de electrões	Vigas largas e estáticas	O feixc incide num ponto preciso; a amostra é digitalizada uma linha por linha
2.	Tensões necessárias	Tensão de aceleração muito mais baixa; não é necessário penetrar na amostra	A tensão SEM varia de 60 a 300 000 volts
3.	Interação dos trões eléctricos	O provete deve ser muito fino	Vasta gama de espécimes autorizados; simplifica a preparação de amostras
4.	Imagiologia	Os electrões devem atravessar e ser transmitidos pela	A informação necessária é recolhida perto da superfície do espécime

		amostra	
5.	Renderização de imagens	Os electrões transmitidos são focados coletivamente pela lente e ampliados para criar uma imagem real.	O feixe é varrido ao longo da superfície da amostra para construir a imagem.

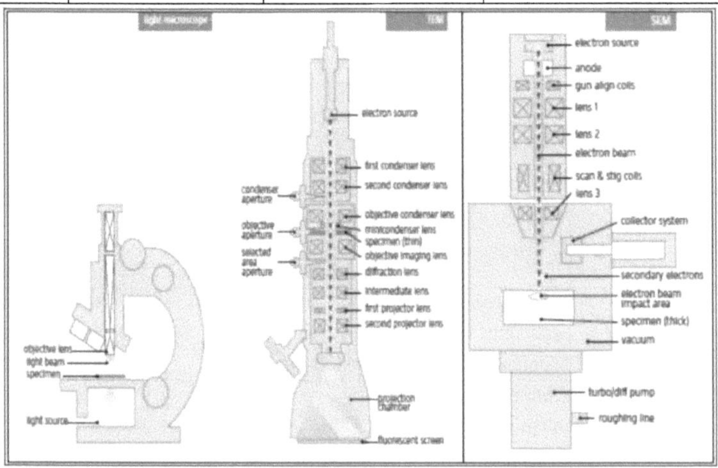

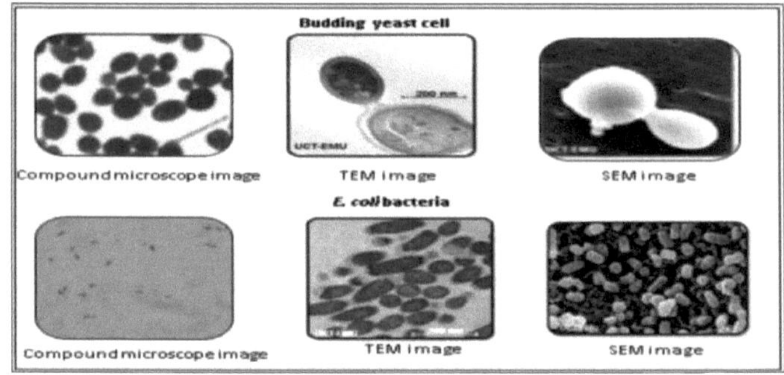

Figura 65: As **diferenças entre o TEM e o SEM** (M. Kannan, 2018).

Capítulo 5

Conclusão geral sobre os métodos de análise laboratorial: Em resumo, os métodos e técnicas apresentados neste livro realçam a importância crucial da análise laboratorial em vários domínios científicos. Quer se trate de análises biológicas e bioquímicas ou de procedimentos de imunoensaio enzimático, estes métodos são ferramentas essenciais para uma melhor compreensão de fenómenos complexos. A exploração aprofundada dos métodos espectrais, das técnicas de fracionamento, dos métodos de marcação e da microscopia eletrónica não só evidenciou a versatilidade como também sublinhou a profundidade da análise laboratorial na descoberta das subtilezas dos sistemas biológicos e químicos.

Recomendações na última secção do livro:

Desenvolvimento contínuo de competências: incentivar os leitores a participarem na formação contínua e no desenvolvimento de competências para se manterem a par dos avanços nas técnicas de análise laboratorial.

Iniciativas de investigação em colaboração: realçar a importância dos projectos de investigação em colaboração que reúnem peritos de diferentes disciplinas para promover a inovação e abordar questões científicas complexas.

Actualizações e revisões regulares: sublinhar a importância de atualizar regularmente o conteúdo do livro para refletir as mudanças nas metodologias e garantir que os leitores têm acesso aos últimos avanços na análise laboratorial.

Ao incorporar estas recomendações, o livro pretende estimular uma procura contínua de excelência na análise laboratorial e contribuir para a evolução dinâmica do panorama da investigação científica.

Referências bibliográficas

ADELINE. MT. X.P, WANG. C (1997) Avaliação de Taxoides de Extractos Brutos *de TAXUS* sp. por Cromatografia Líquida de Alta Eficiência.

Ahmed Naji Al-Jamal, Nanotecnologia: fundamentos e aplicações, Al-Zawya Advertising Company, primeira edição, 2020, P 49- 50 , **578- 579** . (ISPN :) 3 - 326 - 20 - 9922 - 978

Alwine JC, and Kemp DJ (1977) Stark GR Method for detection of specific RNAs in agar gels by transfer to diazobenzyloxymethyl-paper and hybridization with DNA probes. Proc Natl Acad Sci USA 74, 5350-5354.

Andreas Maier, Stefan Steidl, Vincent Christlein, Joachim Hornegger (Eds.): Medical Imaging Systems, LNCS 11111, pp. 69-90, 2018. https://doi.org/10.1007/978-3-319-96520-8_5

Armstrong B. 2008. Reacções antigénio-anticorpo. Série Científica ISBT 3:21-32.https://doi.org/10.1111/j.1751-2824.2008.00185.x.

Bailey GS. 1996. Ouchterlony double immunodiffusion BT, p 749-752.in Walker JM (ed), The protein protocols handbook. Humana Press, Totowa, NJ.

Bernard Swynghedauw, ASSISTENTE MEMORIAL DE BIOLOGIA E GENÉTICA MOLÉCULAIRES, © Dunod, Paris, 2008, 2000, © Nathan, 1994 para a 1ª edição. ISBN 978-2-10-053798-3

BOATTO. G, CERRI. R, PAU. A, PALOMBA. M, PINTORE. G, GIOVANNA DENTI. M (1998). Monitorização da benzilpenicilina no leite de ovino por HPLC. Journal of Pharmaceutical and

Biomedical Analysis, Volume 17, agosto de 1998, p 733-738.

Bogdanov, A. M., Kudryavtseva, E. I., & Lukyanov, K. A. (2012). Mídia anti-desbotamento para imagens GFP de células vivas.Plos One, 7 (12), e53004. doi: 10.1371 / journal.pone.0053004

Boukhatem M.N. (2018). Plantas Aromáticas e Medicinais: o Gerânio Perfumado. Descrição botânica, composição química e virtudes terapêuticas. Publicação da Universidade Europeia. ISBN : 6202277475

Bruneton, J. (1999). Óleos essenciais. Farmacognosia, fitoquímica, plantas medicinais. èmeEdition Tec & Doc, 3 edição, Lavoisier, Paris, França.

èmeBurgot G., Burgot J. L., Méthodes instrumentales d'analyse chimique et applications : Méthodes chromatographiques électrophorèses, méthodes spectrales et méthodes thermiques, 3 Edition Tec & Doc Lavoisier, 2011, p.10, ISBN : 978-2-7430-1337-0.

Burnette WN (1981) "Western Blotting": transferência electroforética de proteínas de géis de dodecil sulfato de sódio-poliacrilamida para NC não modificado e deteção radiográfica com e proteína A radioiodada. Anal Biochem. 112, 195-203.

Butcher DJ. Espectrometria de Absorção Atómica | Interferências e Correção de Fundo. Encyclopedia of Analytical Science. 2ª ed. Amesterdão, Países Baixos: Western Carolina University, Cullowhee, NC, EUA, Elsevier Ltd; 2005. pp. 157-163. DOI: 10.1016/b0-12-369397-7/00025-x

C. Housset , A. Raisonnier, Biologie Moléculaire, Objectivos do curso de Bioquímica PAES, Universidade Pierre e Marie Curie, 2009 - 2010, Universidade Pierre e Marie Curie. P 192, 192, 195.

C.E. Lyman, D.E. Newbury, J.I. Goldstein, D.B. Williams, A.D. Romig, J.T . Armstrong, P .

Echlin, C.E. Fiori, D.C. Joy, E. Lifshin e Klaus-Ruediger Peters, Scanning Electron Microscopy, X-Ray Microanalysis and Analytical Electron Microscopy: A Laboratory Workbook, (Plenum Press. New York, N.Y., 1990).

Calatayud JM, Icardo MC. Análise por Injeção em Fluxo, Aplicações Clínicas e Farmacêuticas. Encyclopedia of Analytical Science. 2ª ed. Amesterdão, Países Baixos: Elsevier Ltd; 2005. pp. 76-89. DOI: 10.1016/b0-12-369397-7/00159-x

Chemat, F., Abert-Vian, M., & Fernandez, X. (2013). Extração assistida por micro-ondas para compostos bioativos. Série de Engenharia Alimentar, Springer, Nova Iorque, EUA.

Chen B-C, Legant WR, Wang K, Shao L, Milkie DE, Davidson MW, Janetopoulos C, Wu XS, Hammer JA 3rd, Liu Z1, et al.(2014). Microscopia de folha de luz de rede: moléculas de imagem para embriões em alta resolução espaço-temporal. Science 346, 1257998.

CHEVIRON. N. A. ROUSSEAU (2000) Coumarin-SER-ASP-LYS-PRO-OH, A Fluorescent substrate for Determination of Angiotensin- coverting Enzyme Activity via High Performance Liquid Chromatography. Analytical Biochemitry, 280, 58-64.

Clément de Mecquenem, Marielle Drommi, Clémence Topart, Utilização do evaporador rotativo, Publicado em 20.06.18, https://culturesciences.chimie.ens.fr/thematiques/chimie-organic/methods-and-tools/using-the-rotary-evaporator

Collins, T. J. (2006). Meios de montagem e reagentes antidesbotamento.Microscopy Today,14, 34-39. doi: 10. 1017/S1551929500055176.

CUQ. J-L (2007) Liquid Chromatography, página 4-48.
http://diffusiondessavoirs.uomlr.fr/balado/wpcontent/uploads/2008/01/chromato- liquid-2007.pdf (consultado em 05-02-2008).

Day RN, Davidson MW (2009). A paleta de proteínas fluorescentes: ferramentas para imagiologia celular. Chem Soc Rev 38, 2887-2921.

De Caro CA, Claudia H. UV/VIS Spectrophotometry-Fundamentals and Applications (Espectrofotometria UV/VIS - Fundamentos e Aplicações). Schwerzenbach, Suíça: Mettler-Toledo Publication No. ME-30256131; 2015

Dean KM, Palmer AE (2014). Avanços nas estratégias de marcação de fluorescência para imagens celulares dinâmicas. Nat Chem Biol 10, 512-523.

Diehl B. Principles in NMR Spectroscopy. NMR Spectroscopy in Pharmaceutical Analysis. 1ª ed. Elsevier Ltd; 2008. pp. 3-41

Doug, Holly & Oleg, "Microscópio SEM".

DUMONTET. V, VAN HUNG, NGUYEN (2004) Cytotoxic Flavonoids and Pyrones from Cryptocarya obovate. Journal of Natural Products 67,858- 862.

Fabrice BRAY, La spectrométrie de masse haute résolution : Application à la FT-ICR bidimensionnelle et à la protéomique dans les domaines de l'archéologie et la paléontologie, Tese de Fabrice Bray, Lille 1, 2017, P 2-3, Número de encomenda: 42555

Fan TWM, Lane AN. Aplicaçoes da espetroscopia de RMN à bioquímica de sistemas. Progresso em Espectroscopia de Ressonância Magnética Nuclear. 2016;92-93.18-53

Farell EM, Alexandre G. A albumina de soro bovino aumenta ainda mais os efeitos dos solventes orgânicos no aumento do rendimento da reação em cadeia da polimerase de modelos ricos em GC. BMC research notes. 2012 May 24;5(1):257.

Farhat, A. (2010). Vapo-difusão assistida por micro-ondas: concepção, otimização e aplicação. Tese de doutoramento em Ciências (opção: Ciências do Processo, Ciências da Alimentação), Université d'Avignon et des Pays de Vaucluse (França) & Ecole Nationale d'Ingénieurs de Gabès (Tunísia).

FEKETE, S., FEKETE, J., MOLNAR, I. GANZLER, K. (2009) Desenvolvimento rápido de um método de cromatografia de alto desempenho com elevada exatidão de previsão, utilizando colunas de furo estreito com 5 cm de comprimento e enchimento com partículas sub-2 µm e modelação computacional do espaço de conceção. *Journal of Chromatography A,* 1216, 7816-7823.

Ferhat, M. A., Meklati, B. Y., Smadja, J., & Chemat, F. (2006). Um aparelho Clevenger de micro-ondas melhorado para destilação de óleos essenciais de casca de laranja. Journal of Chromatography A, 1112(1), 121-126.

Ferhat, M. A., Meklati, B. Y., Visinoni, F., Vian, M. A., & Chemat, F. (2008). Extração de óleos essenciais por micro-ondas sem solventes. Química verde no laboratório de ensino. Chimica Oggi, 21-23.

FIALKOV (A.B.) e AMIRAV (A.). - Ionização química em cluster para melhorar o nível de confiança na identificação de amostras por cromatografia gasosa/espetrometria de massa. Rapid Commun. Mass Spectrom. 17, p. 1326-38 (2003).

Florijn,R.J.,Slats,J.,Tanke,H.J.,&Raap,A.K. (1993). Análise de reagentes anti-desbotamento para microscopia de fluorescência.Cytometry, 19(2), 177- 182. doi: 10.1002/cyto.990190213

Ford BJ. Antony van Leeuwenhoek-Microscopista e cientista visionário. *J Biol Educação.* 1989;23:293-299

Frackman S, Kobs G, Simpson D, Storts D. Betaine and DMSO: enhancing agents for PCR. Notas da Promega. 1998 Feb;65(27-29):27-9.

[emeère]Francis Rouessac, Annick Rouessac com a colaboração de Daniel Cruché, ANALYSE CHIMIQUE Méthodes et techniques instrumentales modernes, Cours et exercices corrigés, DUNOD 6 edição, Dunod, Paris, 2004, Masson, Paris, 1992 para a 1 edição ISBN 2 10 048425 7

[emeère]Francis Rouessac, Annick Rouessac com a colaboração de Daniel Cruché, ANALYSE CHIMIQUE Méthodes et techniques instrumentales modernes, Cours et exercices corrigés, DUNOD 6 edição, Dunod, Paris, 2004, Masson, Paris, 1992 para a 1 edição ISBN 2 10 048425 7

Gabriel Popescu, 2002, "Chapter 4. Principles of Optical Imaging" Engenharia Eletrotécnica e de Computadores, Universidade de Illinois em Urbana-Champaign, Beckman Institute Quantitative Laboratory, Light Imaging. http://light.ece.uiuc.edu.

Gavahian, M., & Chu, Y. H. (2018). Destilação a vapor acelerada ôhmica de óleo essencial de lavanda em comparação com a destilação a vapor convencional. Ciência alimentar inovadora e tecnologias emergentes, 50, 34-41.

Germer TA, Zwinkels JC, Tsai BK. Conceitos teóricos em medições espectrofotométricas. Métodos Experimentais em Ciências Físicas. 2014;**46**:11-66

Gershoni JM (1988) Protein blotting: a manual. Methods Biochem Anal. 33, 1-58. Revisão.

GHASHGHAIE. J, M DURANCEAU (2001) □ 13C de CO2 respirado no escuro em relação a □ 13C de metabolitos foliares: comparação entre Nicotiana *sylvestris eHelianthus annuus* sob seca Planta, Célula e Ambiente, 24, 505- 515.

Giepmans BN, Adams SR, Ellisman MH, Tsien RY. A caixa de ferramentas fluorescente para avaliar a localização e a função das proteínas. *Science.* 2006; 312:217-221.

Golmakani, M. T., & Rezaei, K. (2008). Comparação da hidrodestilação assistida por micro-ondas com o método tradicional de hidrodestilação na extração de óleos essenciais de *Thymus vulgaris* L. Food Chemistry, 109(4), 925-930.

Gomes, P. B., Mata, V. G., & Rodrigues, A. E. (2007). Produção de óleo de gerânio rosa

por extração com fluido supercrítico. Journal of Supercritical Fluids, 41(1), 50-60.
Günther H. NMR Spectroscopy: Basic Principles, Concepts and Applications in Chemistry. 3ª ed. John Wiley & Sons, Ltd, Chichester, U.K; 2013. p. 734
Hell SW. Microscopia e o seu interrutor focal. *Nat Methods*. 2009; 6:24-32.
Hell SW. Rumo à nanoscopia de fluorescência. *NatBiotechnol.* 2003; 21:1347-1355.
Heimchen F, Denk W (2005). Microscopia de dois fótons em tecidos profundos. Nat Methods 2, 932-940.
Hernandez Ochoa, L. R. (2005). Substituição de solventes e ingredientes activos sintéticos por uma combinação (solvente/ingrediente ativo) de origem vegetal. Tese de doutoramento em Ciências dos Processos (opção Ciências dos Recursos Agrícolas), Instituto Nacional Politécnico, Toulouse, França.
HOOIJSCHUUR (E.W.), KIENTZ (C.E.) e BRINKMAN (U.A.). - Técnicas de separação analítica para a determinação de agentes de guerra química. J. Chromatogr. A, 982, p. 177200 (2002).
Hornbeck P. 2017. Ensaio de imunodifusão dupla para a deteção de anticorpos específicos (Ouchterlony). Curr Protoc Immunol 116:2.3.1 2.3.4.https://doi.org/10.1002/0471142735.im0203s00.
Houot Robert. Separação entre sólidos. In: Ciências
Géologiques. Boletim, tomo 46, n°1-4, 1993. Minerais finamente divididos. pp. 125-141; doi : https://doi.org/10.3406/sgeol.1993.1900
https://chem.libretexts.org/ Estantes/Physicaland TheoreticalChemistryTextbook
Hubert, R. (1992). Epices et aromates. Edição Tec & Doc, Lavoisier, França.
I.M. Watt, The Principles and Practice of Electron Microscopy, (Cambridge Univ. Press. Cambridge, Inglaterra, 1985).
Innis MA, Gelfand DH. Otimização de PCRs. Innis MA, Gelfand DH, Sninsky JJ, White TJ, editores. Academic Press: San Diego, CA, EUA; 2 de dezembro de 2012.
Inoué S (2006). Fundamentos da imagem digitalizada confocal em microscopia ótica. Em: Handbook of Biological Confocal Microscopy, ed. JB Pawley, Nova Iorque: Springer, 1-19.
Ishikawa-Ankerhold, H. C., Ankerhold, R., & Drummen, G. P. C. (2012). Técnicas avançadas de microscopia de fluorescência - FRAP, FLIP, FLAP, FRET e FLIM. Molecules, 17(4), 4047-4132. doi: 10.3390/molecules17044047.
JACOB. V (2010) La chromatographie liquide haute performance. UIT de química de Grenoble. Data de colocação no ar: quarta-feira, 20 de janeiro de 2010.
Kaloustian, J., & Hadji-Minaglou, F. (2012). O conhecimento dos óleos essenciais: Qualitologia e aromaterapia: entre ciência e tradição para uma aplicação médica fundamentada. Coleção Phytothérapie pratique, Springer-Verlag, Paris, França.
Karey KP, and Sirbasku DA (1989) Glutaraldehyde fixation increases retention of low molecular weight proteins (growth factors) transferred to nylon membranes for Western blot analysis. Anal Biochem. 178, 255-259.
Karoui R. Controlo de qualidade na transformação de alimentos. Módulo de Referência em Ciência Alimentar, Enciclopédia da Alimentação e Saúde. Amesterdão, Países Baixos: Elsevier Ltd; 2016. pp. 567-572. DOI: 10.1016/b978-0-12-384947-2.00582-1
Keller PJ, Ahrens MB (2015). Visualizando a atividade e o desenvolvimento do cérebro inteiro no nível de célula única usando microscopia de folha de luz. Neurónio 85, 462-483.
Kindt T, Goldsby R, Osborne B. 2007. Kuby immunology. W.H. Freeman and Co, New York, NY.

Kost J, Liu L-S, Ferreira J, e Langer R (1994) Enhanced protein blotting from PhastGel media to membranes by irradiation of low-intensity. Anal Biochem. 216, 27-32.

Kurien BT, e Scofield RH (2006) Western blotting. Methods 38, 283-293.

Kurt Thorn, 2016 , A quick guide to light microscopy in cell biology, MBoC | TECHNICAL PERSPECTIVE, Volume 27, 219- 222. DOI:10.1091/mbc.E15-02-0088

Le BIHAN. J.Y, Le MASSON. J.P (2008) High performance liquid chromatography or H.P.L.C http://www.iut lannion.fr/LEMEN/Mpdoc/CHIMIE/Chimie1/CHROMATO.HTM. (Consultado em 08-02-2008).

LeGendre N (1990). Membrana de transferência Immobilon-P: aplicações e utilidade na análise bioquímica de proteínas. Biotechniques 9 (6 Suppl): 788-805. Revisão.

Leong YS, Ker PJ, Jamaludin MZ, Nomanbhay SM, Ismail A, Abdullah F, et al. UV-vis spectroscopy: A new approach for assessing the color index of transformer insulating oil. Sensores (Basileia). 2018;18(7):2175

Leszczynska, D. (2007). Management de l'innovation dans l'industrie aromatique: Cas des PME de la région de Grasse. Editions l'Harmattan, Paris, França.

Lichtman, J. W., & Conchello, J. A. (2005). Fluorescence microscopy.Nature Methods, 2(12), 910-919. doi: 10.1038/nmeth817.

Ling Li X, Hu YJ, Mi R, Yun Li X, Qi Li P, Ouyang Y. Exploração espectroscópica das afinidades, caraterísticas e modo de interação de ligação da curcumina com o ADN. Relatórios de Biologia Molecular. 2013;40:4405-4413

Lo YD. Clinical applications of PCR. Springer Science & Business Media; 1998.

Longin, A., Souchier, C., Ffrench, M., & Bryon, P. A. (1993). Comparação de agentes anti-desbotamento usados em microscopia de fluorescência: Análise de imagem e estudo de microscopia confocal a laser.Journal of Histochemistry & Cytochemistry,41(12), 1833-1840.

Lucchesi, M. E. (2005). Extração sem solvente assistida por micro-ondas: conceção e aplicação à extração de óleos essenciais. Tese de doutoramento em Ciências (opção: Química), Faculdade de Ciências e Tecnologia, Universidade da Reunião, França.

Lucchesi, M. E., Chemat, F., & Smadja, J. (2004). Extração de óleo essencial de ervas aromáticas por micro-ondas sem solventes: comparação com a hidrodestilação convencional. Journal of Chromatography A, 1043(2), 323-327.

Luckie P., Hogg R. e Schaller R. (1980) - A Review of Two Fine Particle Processing Unit Operations -Classification and Mixing. Em "Fine Particle Processing", P.
Somasundaran (Ed.), SME-AIME, cap. 10, p. 167-180.

M. Kannan, Microscópio Eletrónico de Transmissão - Princípio, Componentes e Aplicações, em K S. SUBRAMANIAN, A Textbook on Fundamentals and Applications of Nanotechnology, DAYA Publishing House, 2018, P 81- 90, 93- 100. ISBN 9390384605, 9789390384600.

M.T . Postek, K.S. Howard, A.H. Johnson e K.L. McMichael, Scanning Electron Microscopy: A Student's Handbook, (Ladd Research Ind., Inc Williston, VT ., 1980).

M.T. Postek, K.S. Howard, A.H. Johnson e K.L. McMichael, Scanning Electron Microscopy: A Student's Handbook, (Ladd Research Ind., Inc. Williston, VT., 1980).

MAJORES. R. E, PRZYBYCIEL. M (2002) Columns for reversed-phase LC separations in highly aqueous mobile phases. *LC GC North America,* 20, 584-593.

Mancini G, Carbonnna AO, Haremans JF: Immunochemistry, 1965; 2: 235-254

MARCOZ. N (2003) Estudo da estabilidade das soluções injectáveis de amiodarona. Tese de diploma em análise farmacêutica, Universidade de Genebra, p 10-11.

MARRIOTT (P.J.), HAGLUND (P.) e ONG (R.C.). - Uma revisão da análise de tóxicos ambientais utilizando cromatografia gasosa multidimensional e GC abrangente. Clin. Chim. Ata, 328, p. 1-19 (2003).

Masango, P. (2005). Produção mais limpa de óleos essenciais por destilação a vapor. Journal of Cleaner Production, 13(8), 833-839.

Mendham J., Vogel A.I, Denny R.C., Toullec J., Barnes J., Barnes J.D., Mottet M., Tomas M.J.K., Analyse chimique quantitative de Vogel, Ed. De Boeck Université, 2005, p.231-314.

Metzker, M. L. & Caskey, C. T. (2009) Polymerase Chain Reaction (PCR). Encyclopedia of Life Sciences (ELS), John Wiley & Sons, Ltd: Chichester.

Misra G. Fluorescence Spectroscopy. Manual de processamento de dados para fontes de dados biológicos complexos. 1ª ed. Academic Press; 2019. pp. 31-37

Mohammad Ehtisham , Firdous Wani , Iram Wani , Prabhjot Kaur , Sheeba Nissar, Reação em Cadeia da Polimerase (PCR): De volta ao básico, Indian Journal of Contemporary Dentistry, julho-dezembro de 2016, Vol.4, No.2, 30-35. DOI: 10.5958/2320-5962.2016.00030.9

Mullis KB. A origem invulgar da reação em cadeia da polimerase. Scientific American. 1990 Apr 1; 262(4):56-61.

Murali D, Venkatrao SV, Rambabu C. Determinação espectrofotométrica da etravirina em formulações farmacêuticas e a granel. Jornal Americano de Química Analítica. 2014; 5:77-82

Murphy DB, Davidson MW (2012). Fundamentals of Light Microscopy and Electronic Imaging, Hoboken, NJ: John Wiley & Sons.

Naira PEREZ VASQUEZ, CONTRIBUIÇÃO PARA A PERFILAGEM DOS ÁCIDOS ORGÂNICOS URINÁRIOS NAS CRIANÇAS, TESE DE DOUTORADO, UNIVERSIDADE DE PARIS-SUD, 2015

NIEMANN (H.B.), ATREYA (S.K.), BAUER (S.J.), BIEMANN (K.), BLOCK (B.), CARIGNAN (G.R.), DONAHUE (T.M.), FROST (R.L.), GAUTIER (D.), HABERMAN (J.A.), HARPOLD (D.), HUNTEN (D.M.), ISRAEL (G.), LUNINE (J.I.), MAUERSBERGER (K.), OWEN (T.C.), RAULIN (F.), RICHARDS (J.E.) e WAY (S.H.). - The Gas Chromatograph Mass Spectrometer for the Huygens Probe. Space Science Reviews, 104, p. 553-591 (2002).

OIV-Oeno 427-2010 Modificado por OIV-COMEX 502-2012, Critérios para os métodos de quantificação dos resíduos de proteínas de colagem potencialmente alergénicas no vinho, Método OIV- -MA-AS315-23, COMPÊNDIO DOS MÉTODOS INTERNACIONAIS DE ANÁLISE - OIV, Resíduos de proteínas de colagem potencialmente alergénicas no vinho

OLIVEIRA. R, DE PIETRO. A, CASS. Q (2006) Quantificação dos níveis de resíduos de cefalexina no leite de bovino por cromatografia líquida de alta eficiência com limpeza de amostras em linha. Talanta n° 71, p 1233-1238.

Olivero-Verbel, J., González-Cervera, T., Güette-Fernandez, J., Jaramillo-Colorado, B., & Stashenko, E. (2010). Composição química e atividade antioxidante de óleos essenciais isolados de plantas colombianas. Revista Brasileira de Farmacognosia, 20(4), 568-574.

OSTROWSKI. T, JC MAURIZOT, MT ADELINE, JL FOURREY, P CLIVIO (2003) Sugar Conformational Effects on the Photochemistry of Thymidylyl (3'-5') thymidine. Journal of Organic Chemistry 68, 6502-6510.

Ouchterlony O. 1949. Reacções antigénio-anticorpo em géis. Ata Pathol Microbiol Scand 26:507-515. https://doi.org/10.1111Zj .1699-0463.1949.tb00751.x.

Ouchterlony O. 1962. Métodos de difusão em gel para análise imunológica. II. Prog Allergy

6:30-154.https://doi.org/10.1159/000313795.
Palmer AE, Tsien RY. Medição da sinalização do cálcio utilizando indicadores fluorescentes geneticamente selecionáveis. *Nat Protoc.* 2006;1:1057-1065.
PANAIVA.L (2006) Técnicas cromatográficas para materiais compósitos.
Conferência Eurocopter, 1 de junho de 2006, Marselha, França.
Passos MLC, Sarraguça MC, MLMFS S, Rao TP, Biju VM. Espectrofotometria | compostos orgânicos. In: Módulo de Referência em Química, Ciências Moleculares e Química Engenharia. Encyclopedia of Analytical Science (Terceira Edição). Amesterdão, Países Baixos: Elsevier Ltd; 2019. pp. 236-243. DOI: 10.1016/b978-0-12-409547-2.14465-8
Pereira, C. G., & Meireles, M. A. A. (2010). Extração com fluido supercrítico de compostos bioactivos: fundamentos, aplicações e perspectivas económicas. Tecnologia de Alimentos e Bioprocessos, 3(3), 340-372.
Peterson, A., Machmudah, S., Roy, B. C., Goto, M., Sasaki, M., & Hirose, T. (2006). Extração de óleo essencial de gerânio (Pelargonium graveolens) com dióxido de carbono supercrítico. Journal of Chemical Technology & Biotechnology: International Research in Process, Environmental & Clean Technology, 81(2), 167-172.
Farmacopeia Europeia. (2007). Conselho da Europa Direção da Qualidade dos Medicamentos e Cuidados de Saúde (EDQM), Estrasburgo, França.
Philip D. Rack, sobre "Optical Microscopy", Dept. of Materials Science and Engineering University of Tennessee & lecture was generated by Professor James Fitz-Gerald at the University of Virginia.
géis de poliacrilamida em folhas NC: procedimento e aplicações. Proc Natl Acad Sci USA 76, 4350-4354.
Porstmann, T. e Kiessig S.T. Técnicas de imunoensaio enzimático. An overview. *Journal of Immunological Methods.* 150 (1-2), 5-21 (1992).
POUPAT. C I. HOOK, F. GUERITTE. (2000), Conteúdo de taxóides neutros e básicos nas agulhas de espécies de *TAXUS.* Planta Medica, 66, 580-584.
PREMA, RAPURI (2003) HPLC: High-Performance Liquid Chromatography. Macmillian reference .USA, p165-167.
Raaman, N. (2006). Phytochemical techniques. New India Publishing, Nova Deli, Índia.
Rafelski SM, Viana MP, Zhang Y, Chan Y-HM, Thorn KS, Yam P, Fung JC, Li H, Costa L da F, Marshall WF (2012). Dimensionamento do tamanho da rede mitocondrial em leveduras em brotamento. Science 338, 822-824.
Rajpal S. Kashyap, Neha P. Agarwal, Nitin H. Chandak, Girdhar M. Taori, Saibal K. Biswas, Hemant J. Purohit, Hatim F. Daginawala, The application of the Mancini technique as a diagnostic test in the CSF of tuberculous meningitis patients, Med Sci Monit, 2002; 8(6): MT95-98, PMID: 12070446.
Rand RN. O papel dos padrões espectrofotométricos no laboratório de química. Journal of Research of the National Bureau of Standards-A. Physics and Chemistry. 1972;**76**(5):499-508
REVILLARD Com a colaboração da Association des Enseignants d'Immunologie des Universités de Langue Française (ASSIM)IMMUNOLOGIE, 4ª edição 2001- DeBoeck Université - ISBN2 - 8041 - 3805 - 4 , (Modificado por Marie Paule Lefranc, com a autorização do Professor Jean Pierre Revillard e da DeBoeck Université (maio de 2003).
Rittie L, Perbal B. Enzimas utilizadas em biologia molecular: um guia útil. Journal of cell communication and signaling. 2008 Jun 1;2(1-2): 25-45.
Rojas FS, CanoPavón JM. Espectrofotometria | Aplicações bioquímicas. Encyclopedia of

Analytical Science. 2ª ed. Amsterdão, Países Baixos: Elsevier/The Lancet publishers, Elsevier Ltd; 2005. pp. 366-72

Rouessac F., Rouessac A., Brooks S., Chemical analysis: modern instrumentation methods and techniques, Ed. John Wiley and Sons, 2007, p.31.

Ruano G, Kidd KK. Amplificação e sequenciação acopladas de ADN genómico. Proceedings of the National Academy of Sciences. 1991 Abr 1;88(7): 2815-9.

SALGHI. R (2004) Cours d'analyses physico-chimiques des denrées alimentaires II, GPEE, ENSA Agadir. Escola Nacional de Ciências Aplicadas de Agadir p 7.

Sameer Sheshrao Gajghate, 2016- 2017, Introdução à Microscopia, Departamento de Engenharia Mecânica do Instituto Nacional de Tecnologia de Agartala

Sameer Sheshrao Gajghate, Introdução à Microscopia, Departamento de Engenharia Mecânica do Instituto Nacional de Tecnologia de Agartala, 2016-2017

Sanderson, J. (2020). Fundamentos da microscopia. Protocolos atuais em biologia de ratos, 10, e76. doi: 10.1002 / cpmo.76

Sanderson, J. B. (2019).Understanding light microscopy. Chichester: John Wiley & Sons.

SANTOS (F.J.) e GALCERAN (M.T.). - Desenvolvimentos modernos na análise ambiental baseada em cromatografia gasosa e espetrometria de massa. J. Chromatogr. A, 1000, p. 125-51 (2003).

SAUNIER. C e GODIN. L (2013) Activité technologique en analyse biochimique, E.T.S.L paris, p. 5-50., http://ligodin.free.fr, date de consultation le 27/11/2010.

SCHELLINGER, A. P. & CARR, P. W. (2006) Isocratic and gradient elution chromatography: A comparison in terms of speed, retention reproducibility and quantitation. *Journal of Chromatography A,* 1109, 253-266.

SCIPPO. ML, MAGHUIN-ROGISTER. G (2006) Resíduos e contaminantes nos géneros alimentícios: 25 anos de progresso na sua análise. Métodos de rastreio biológico. Ann. Méd. 150, 125-130.

Sehasree Mohanta, TRANSMISSION ELECTRON MICROSCOPY, julho de 2021. DOI:10.13140/RG.2.2.21280.71681

SNYDER. L. R, KIRKLAND. J. J. & GLAJCH. J. L (1988) *Practical HPLC Method Development.* Nova Iorque: John Wiley & Sons.

Southern EM (1975). Deteção de sequências específicas entre fragmentos de ADN separados por eletroforese em gel. J Mol Biol. 98, 503-517.

Stelzer EHK (2006). O sistema ótico intermédio dos microscópios confocais de varrimento a laser. Em: Handbook of Biological Confocal Microscopy, ed. JB Pawley, Nova Iorque: Springer, 207220.

Stéphane Bouchonnet, Danielle Libong, Le couplage chromatographie en phasegazeuse-spectrométrie de masse, Département de Chimie, Laboratoire des Mécanismes Réactionnels, Ecole Polytechnique 91128 PALAISEAU Cedex, https://www.researchgate.net/publication/228763180

Suleyman Aydin. Uma breve história, princípios e tipos de ELISA, e a nossa experiência laboratorial com análises de péptidos/proteínas utilizando ELISA. *Peptides*, 72, 4-15 (2015).

SYAGE (J.A.), NIES (B.J.), EVANS (M.D.) e HANOLD (K.A.). - GC/TOFMS portátil, de alta velocidade, no terreno.J. Am. Soc. Mass Spectrom, 12, p. 648-55 (2001).

THIERRY.B (2009) Cours de chromatographie liquide. Departamento de Química, Université de la Réunion. http://www.uni-reunion.fr, Data de consulta: 20/03/2012

Toomre D, Pawley JB (2006). Microscopia confocal de varrimento de disco. Em: Handbook

of Biological Confocal Microscopy, ed. JB Pawley, Nova Iorque: Springer, 221-238.
Towbin H, Staehelin T, e Gordon J (1979) Electrophoretic transfer of proteins from
Tranchant J., Manuel pratique de chromatographie en phase gazeuse, 1995, Masson.
Trumbo TA, Schultz E, Borland MG, Pugh ME. Espectrofotometria aplicada: análise de uma mistura bioquímica. Educação em Bioquímica e Biologia Molecular (Biblioteca Online Wiley). 2013;**41**(4):242-250
Upadhyay A, Upadhyay K, Nath N. Biophysical Chemistry (Principals and Techniques). Girgaon, Mumbai, Índia: Himalaya Pub House; 2009. ISBN: 1282802003 9781282802001
Ure AD, O'Brien JE, Dooley S. Quantitative NMR spectroscopy for the analysis of fuels: Um estudo de caso da FACE Gasoline F. Energy Fuels. 2019;33(11):11741-11756
Verevkin SP, Zaitsau DH, Schick C, Heym F. Desenvolvimento de métodos diretos e indirectos para a determinação de entalpias de vaporização de compostos extremamente pouco voláteis. Manual de Análise Térmica e Colorimetria. 2018;6:1-46. DOI: 10.1016/B978-0-444-64062- 8.00015-2
Walton, N. N. J., & Brown, D. D. E. (1999). Chemicals from plants: perspectives on plant secondary products. World Scientific.
Wang, Z., Ding, L., Li, T., Zhou, X., Wang, L., Zhang, H., & He, H. (2006). Extração melhorada por micro-ondas sem solventes do óleo essencial de *Cuminum cyminum* L. e *Zanthoxylum bungeanum* Maxim. Journal of Chromatography A, 1102(1), 11-17.
WANG. I. H, MOORMAN. R. & BURLESON. J (2003) Isocratic reversed-phase liquid chromatographic method for the simultaneous determination of (S)-methoprene, MGK264, piperonyl butoxide, sumithrin and permethrin in pesticide formulation. *Journal of Chromatography A,* 983, 145-152.
Weber M, Huisken J (2011). Microscopia de folha de luz para biologia do desenvolvimento em tempo real.
Curr Opin Genet Dev 21, 566-572.
Wittmann T, Waterman-Storer CM (2005). Spatial regulation of CLASP affinity for microtubules by Rac1 and GSK3ßin migrating epithelial cells. J Cell Biol 169, 929-939.
Wu Y, Wawrzusin P, Senseney J, Fischer RS, Christensen R, Santella A, York AG, Winter PW, Waterman CM, Bao Z, et al.(2013). Imagens quadridimensionais espacialmente isotrópicas com microscopia de iluminação de plano de visão dupla. Nat Biotechnol 31, 1032-1038.
Yong Wang YN. Combinação de espetroscopia UV-vis e quimiometria para compreender o conjugado proteína-nanomaterial: um estudo de caso sobre albumina de soro humano e nanopartículas de ouro. Talanta. 2014;119:320-330

Printed by Books on Demand GmbH, Norderstedt / Germany